新版 全国一级建造师
执业资格考试三阶攻略

建筑工程管理与实务
一级建造师考试 100 炼

浓缩考点　　提炼模块　　提分秘籍

嗨学网考试命题研究组　编

北京理工大学出版社
BEIJING INSTITUTE OF TECHNOLOGY PRESS

版权专有　侵权必究

图书在版编目（CIP）数据

建筑工程管理与实务. 一级建造师考试100炼 / 嗨学网考试命题研究组编. -- 北京 : 北京理工大学出版社, 2024.6.

(全国一级建造师执业资格考试三阶攻略).

ISBN 978-7-5763-4275-8

Ⅰ. TU71-44

中国国家版本馆CIP数据核字第2024KZ7912号

责任编辑：王梦春　　　　　**文案编辑**：辛丽莉
责任校对：刘亚男　　　　　**责任印制**：边心超

出版发行 / 北京理工大学出版社有限责任公司

社　　址 / 北京市丰台区四合庄路6号

邮　　编 / 100070

电　　话 /（010）68944451（大众售后服务热线）
　　　　 /（010）68912824（大众售后服务热线）

网　　址 / http://www.bitpress.com.cn

版 印 次 / 2024年6月第1版第1次印刷

印　　刷 / 天津市永盈印刷有限公司

开　　本 / 889 mm × 1194 mm　1/16

印　　张 / 11

字　　数 / 288千字

定　　价 / 58.00元

图书出现印装质量问题，请拨打售后服务热线，本社负责调换

嗨学网考试命题研究组

主　　编：臧雪志

副 主 编：李金柯　邱树建　武　炎　许　军　朱　涵

其他成员：陈　行　杜诗乐　黄　玲　寇　伟　李　理

　　　　　　李金柯　林之皓　刘　颖　马丽娜　马　莹

　　　　　　邱树建　宋立阳　石　莉　王　欢　王晓波

　　　　　　王晓丹　王　思　武　炎　许　军　谢明凤

　　　　　　杨　彬　杨海军　尹彬宇　臧雪志　张　峰

　　　　　　张　琴　朱　涵　张　芬　伊力扎提·伊力哈木

前言

注册建造师是以专业技术为依托，以工程项目管理为主业的注册执业人士。注册建造师执业资格证书是每位从业人员的职业准入资格凭证。我国实行建造师执业资格制度后，要求各大、中型工程项目的负责人必须具备注册建造师资格。

"一级建造师考试100炼"系列丛书由嗨学网考试命题研究组编写而成。编写老师在深入分析历年真题的前提下，结合"一级建造师考试100记"知识内容进行了试题配置，以帮助考生在零散、有限的时间内进一步消化考试的关键知识点，加深记忆，提高考试能力。

本套"一级建造师考试100炼"系列共有6册，分别为《建设工程经济·一级建造师考试100炼》《建设工程项目管理·一级建造师考试100炼》《建设工程法规及相关知识·一级建造师考试100炼》《建筑工程管理与实务·一级建造师考试100炼》《市政公用工程管理与实务·一级建造师考试100炼》《机电工程管理与实务·一级建造师考试100炼》。

在丛书编写上，编者建立了"分级指引、分级导学"的编写思路，设立"三级指引"，给考生以清晰明确的学习指导，力求简化学习过程，提高学习效率。

一级指引：专题编写，考点分级。 建立逻辑框架，明确重点。图书从考试要点出发，按考试内容、特征及知识的内在逻辑对科目内容进行解构，划分专题。每一专题配备导图框架，以帮助考生轻松建立科目框架，梳理知识逻辑。

二级指引：专题雷达图，分别从分值占比、难易程度、案例趋势、实操应用、记忆背诵五个维度解读专题。 指明学习攻略，明确掌握维度。针对每个考点进行星级标注，并配置3~5道选择题。针对实务科目在每一专题下同时配备了"考点练习"模块（案例分析题）帮助考生更为深入地了解专题出题方向。

三级指引：随书附赠色卡，方便考生进行试题自测。

本套丛书旨在配合"一级建造师考试100记"帮助考生高效学习，掌握考试要点，轻松通过注册建造师考试。编者在编写过程中虽已反复推敲核证，但疏漏之处在所难免，敬请广大考生批评指正。

目录 CONTENTS

第一部分　前　瞻 / 1

第二部分　金题百炼 / 6

　　专题一　构造与材料 / 6

　　专题二　施工与技术 / 17

　　专题三　法规与标准 / 45

　　专题四　现场与组织 / 54

　　专题五　进度与工期 / 72

　　专题六　质量与验收 / 92

　　专题七　合同与造价 / 111

　　专题八　安全与防护 / 134

第三部分　触类旁通 / 159

第一部分 前 瞻

一、考情分析

（一）试卷构成

（单位：分）

科目	考试时长	题型	题量（道）	分数	满分	合格标准
经济	9：00—11：00	单选题	60	60	100	60
		多选题	20	40		
法规	14：00—17：00	单选题	70	70	130	78
		多选题	30	60		
管理	9：00—12：00	单选题	70	70	130	78
		多选题	30	60		
实务	14：00—18：00	单选题	20	20	160	96
		多选题	10	20		
		案例题	5	120		

"建筑工程管理与实务"科目（以下简称建筑实务）考试包括单选题（20题，每题1分）、多选题（10题，每题2分）、案例题（5题，前3题每题20分，后2题每题30分）。考试注重考查考生对知识点的记忆、理解以及应用，考题大部分出自教材，但仍有20%左右的题目出自法规、规范等，应注意额外拓展。

建筑实务的选择题分布范围比较广，但案例题的题型相对固定。5道案例题主要考查的是组织、进度、质量、成本、安全这5大专题。其中，质量包含施工技术，成本包含招标投标与合同。近年来质量专题考查较多，一般会覆盖2道案例题，组织与安全合并考查较多。具体问题举例及数量占比如下：

专题	举例	占比
组织	建筑工程施工平面管理的总体要求还有哪些	20.13%
	指出装修阶段施工用电专项检查中的不妥之处，并写出正确做法	
安全	建设工程施工安全检查的主要形式还有哪些	13.56%
	指出钢结构施工高处作业安全防护方案中的不妥之处，并写出正确做法	
质量	混凝土试样制作与取样的见证记录还有哪些	36.86%
	写出图1-1~图1-6的质量缺陷名称	
进度	写出关键路线和总工期	10.38%
	画出调整后的工程网络计划图	
成本	计算签约合同价中的项目措施费、安全文明施工费、签约合同价各是多少万元	19.07%
	特殊涂料变更后的费用是多少？变更后的费用增加了多少	

(二)专题划分

从学习角度,除了案例5大专题外,全部的学习内容可以分为8个专题。对于各专题的考情、知识内容及备考注意情况的说明如下:

(单位:分)

专题内容	2019年	2020年	2021年	2022年	2023年
专题一 构造与材料	18	15	16	14	17
专题二 施工与技术	32	35	32	36	34
专题三 法规与标准	17	22	16	22	21
专题四 现场与组织	24	20	25	19	22
专题五 进度与工期	14	13	15	14	16
专题六 质量与验收	19	21	22	21	17
专题七 合同与造价	19	16	22	18	17
专题八 安全与防护	17	18	12	16	16

专题一 构造与材料:主要涉及建筑工程技术中的建筑工程设计构造和建筑工程材料的相关内容,包括设计构造(建筑分类、室内物理环境、建筑隔震减震、建筑构造设计与要求、建筑结构体系、装配式建筑等)、工程材料(结构材料、装修材料、功能材料等)。历年考试分值在15分左右,主要以选择题的形式考查,是案例学习的基础,需要留意。

专题二 施工与技术:主要涉及建筑工程施工技术的相关内容,包括施工测量、土方工程(如基坑支护、降排水、土方开挖、土方回填、基坑验槽)、地基基础工程(如地基处理、桩基础、混凝土基础)、主体结构(如混凝土结构、砌体结构、钢结构、装配式混凝土结构)、防水工程(如屋面防水、地下防水、室内防水)、屋面保温、装饰装修工程、季节性施工(如冬期施工、雨期施工、高温天气施工)等。历年考试分值在35分左右,在建筑实务考试中属于分值占比较高的部分。在学习时考生应注重对概念的理解,包括各分部分项工程的施工工艺流程及技术要求,同时注意与质量管理、验收管理以及相关标准的结合。该专题可以以案例题的形式进行考查。

专题三 法规与标准:主要涉及建筑工程建设相关规定、《施工脚手架通用规范》、建筑垃圾减量化、室内环境污染控制、地基基础和主体结构通用规范、装饰装修防火以及绿色建筑评价的有关规定等。历年考试分值在20分左右,并且会结合施工技术进行考查。该专题涉及质量管理的相关规定,考生可以结合施工技术与质量管理共同学习。

专题四 现场与组织:主要涉及施工现场组织管理(施工组织设计、平面布置、临时水电、现场消防、绿色文明施工、工程资料等)、资源管理(材料、设备、用工)。历年考试分值在20分左右,属于考试中五大案例专题之一。该专题在建筑实务考试中属于分值占比较高的部分,学习上以"记""用"为主,且曾经考查过识图题。

专题五 进度与工期:主要涉及流水施工方法与网络计划技术的应用,以及施工进度计划的编制、检查。历年考试分值在15分左右,属于考试中五大案例专题之一。本专题内容可以在"管理"科目的进度部分学完之后再学习，还可以结合进度计划考查索赔问题，需要考生能做到活学活用。

专题六　质量与验收：主要涉及项目施工质量管理（质量检测与检验、质量计划与检查、质量通病与防治）、验收管理（地基基础、主体结构、装饰装修、建筑节能、单位工程）。本专题可以与施工技术、施工标准等结合起来进行综合考查，属于考试中五大案例专题之一。历年考试分值在20分左右，在建筑实务考试中属于分值占比较高的部分，学习上以"背诵""默写"方式为主。

专题七　合同与造价：主要涉及招标投标、合同、工程量清单计价、工程造价、索赔、工程成本等。历年考试分值在20分左右，属于考试中五大案例专题之一。本专题内容可以在"经济""管理"科目的成本部分内容学完之后再学习。本专题会考查计算题，要求考生能够掌握各类计算公式，并熟练使用计算器进行计算。

专题八　安全与防护：主要涉及安全检查（检查内容与标准、重大隐患与危险源等）、安全管理（危大工程、地基基础、主体结构等）、安全事故（事故类型、预防措施等）。本专题历年考试分值在15分左右，属于考试中五大案例专题之一。但是随着注册安全工程师改革划分出建筑专业后，一建建筑专业中关于安全防护部分内容的分值有所降低，经常与"组织"专题合并考查，学习上以"读""记"为主。

二、题型分析及答题技巧

（一）客观题

题目类型		典型考法	题型举例	题型占比
客观题	填空	对内容进行挖空考查	"石材幕墙面板与骨架连接方式使用最多的是（　　）。"	15%
			"预应力混凝土楼板结构的混凝土最低强度等级不应低于（　　）。"	
	判断	说法/做法正确或错误的是	"砌体结构楼梯间抗震措施正确的是（　　）。"	40%
			"砌体结构楼梯间抗震措施错误的是（　　）。"	
	归纳	××包括或属于××的是	"属于人造板幕墙的面板的有（　　）。"	45%
			"墙面涂饰必须使用耐水腻子的有（　　）。"	

（1）客观题答题方法。

客观题包括单项选择题和多项选择题。对于单项选择题，四选一，宁可错选，不可不选，更不可多选；对于多项选择题，五选多，宁可少选，不可多选。同时可采取下列方法作答：

①直接法。直接选择自己认为一定正确的选项。

②排除法。如果无法采用直接法，而正确选项几乎来自教材，可以首先排除明显不全面、不完整或不正确的选项，其次可以排除命题者设计的干扰选项，提高客观题的正确率。

③比较法。对各选项加以比较，分析它们之间的不同点，考虑它们之间的关系，通过对比、分析判断出命题者的意图。

④推测法。利用上下文来推测题意，结合常识判断其义，选出其中正确的选项。

（2）客观题评分说明。

客观题采用机读评卷，必须使用2B铅笔在答题卡上作答，要特别注意答题卡上的选项是横排还是竖排，不要涂错位置。单项选择题共20题，每题1分，每题的备选项中，只有1个最符合题意。多项选择题共10题，每题2分，每题的备选项中，有2个或2个以上符合题意，至少有1个错项，错选不得分，少选则所选的每个选项得0.5分。

（二）主观题

题目类型		典型考法	题型举例	题型占比
主观题	简答	对固定内容进行提问	"建筑工程施工平面管理的总体要求还有哪些？"	55.08%
			"混凝土试样制作与取样的见证记录还有哪些？"	
	纠错	指出案例背景中的问题或者错误，一般会附加正确做法或者理由	"指出工程施工质量检测管理工作中的不妥之处，并写出正确做法。"	13.98%
			"指出装修阶段施工用电专项安全检查中的不妥之处，并写出正确做法。"	
	判断	对案例背景的描述进行判断，包括说法、做法、结果等	"本题中的质量事故属于哪个等级？"	17.16%
			"写出图1-1～图1-6的质量缺陷名称。"	
	计算	列式计算	"计算签约合同价中的项目措施费、安全文明施工费、签约合同价各是多少万元。"	12.29%
			"特殊涂料变更后的费用是多少？变更后的费用增加了多少？"	
	画图	一般是对进度进行考查，画横道图、网络土地等。个别也会考查到施工技术	"画出调整后的工程网络计划图。"	1.48%
			"在答题上绘制正确的从第9月开始到工程结束的双代号网络图。"	

（1）主观题答题方法。

①简答题（问答题）占比最多，跟案例关联性不大（唯一要注意的就是案例有没有给出一些内容，以及问题让补充完整），也不需要进行分析，学习方式主要是背诵、默写。考查面广，也会考查最新的法规等。

②纠错题是指出背景中某段话中的错误或者问题，往往搭配"说明理由"或者"给出正确做法"等。以往年份考试难度不大，但是2023年的考试中给出了错误数量的限定，比如，"本题有2项不妥，多答不得分"。这就要求考生针对切实错误的点进行答题，不可随意纠错，提高了考试和学习的难度。

③判断题需要根据案例信息作出判定，比如是否正确、是否属于、级别判定、索赔是否成立等。这就需要考生学会应用知识点。

④计算题主要集中在成本专题上，比如计算合同价、预付款、进度款、价格调整等，需要有一定的"工程经济"科目的基础。考生平时需要多加计算与练习，学会熟练应用公式。

⑤画图题并不是每年都有，且主要集中在进度专题。该种题型考查画双代号网络图较多，近些年主要考查进度计划调整后对网络图的修改，也有个别年份考查完整的双代号网络图或者横道图的绘制。考生需

要有一定"项目管理"科目的基础。

（2）主观题评分说明。

每份试卷的每道题均由2位评卷人员分别独立评分，如果2人的评分结果相同或相近就以2人的平均分为准计分；如果2人的评分差异较大，就由评分专家再次独立评分，然后用专家所评分数和与专家评分接近的分数计算平均值计分。

主观题评分标准一般以准确性、完整性、分析步骤、计算过程、关键问题的判别方法、概念原理的运用等为判别核心。主观题作答应避免答非所问，回答问题要言简意赅，确定所答内容完全正确时，无须展开论述，也不用多写其他，评卷人满意，自己也省时。

（三）100炼的编写特色

本书从内容关联性出发，将建筑实务划分为8个专题，与"100记"系列图书对应。

"金题百炼"部分题目按"100记"对应的考点进行编排，每个考点均选取典型选择题。每个专题后设有典型案例题，供读者练习。

"触类旁通"部分总结了一些内容及公式。这一部分的题目往往涉及多个考点，容易混淆，总结后更加方便考生进行练习。

第二部分　金题百炼

专题一　构造与材料

导图框架

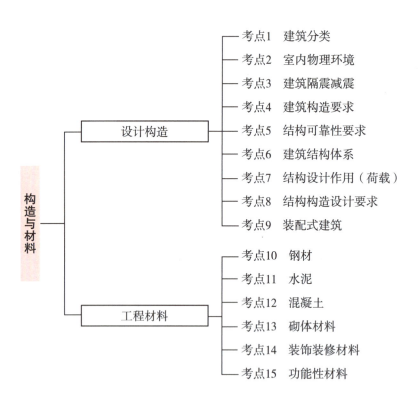

专题雷达图

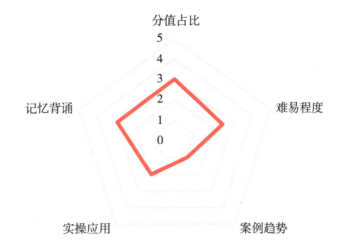

分值占比：主要以选择题的形式考查，历年平均分值在15分左右。

难易程度：难度不大，历年考试对常规点的考查居多，但也可能考查冷门内容。

案例趋势：钢材、卷材等材料考查过案例。

实操应用：较少。

记忆背诵：要求先理解概念，然后记忆相关数据和内容等。考生应注意数据的方向。

考点练习

考点1　建筑分类★★★

1.下列建筑中，属于公共建筑的是（　　）。

A.仓储建筑　　　　　B.农机修理站　　　　　C.医疗建筑　　　　　D.宿舍建筑

【答案】C

【解析】公共建筑包括教育、办公科研、商业服务、公众活动、交通、医疗、社会民生服务、综合类建筑等。

2.根据《民用建筑设计统一标准》（GB 50352—2019），下列建筑属于高层建筑的是（　　）。

A.21m高的住宅　　　　　　　　　　B.21m高的办公楼

C.25m的办公楼　　　　　　　　　　D.25m高的住宅

【答案】C

【解析】根据《民用建筑设计统一标准》（GB 50352—2019），民用建筑按地上层数或高度进行分类应符合下列规定：①建筑高度不大于27m的住宅建筑、建筑高度不大于24m的公共建筑及建筑高度大于24m的单层公共建筑为低层或多层民用建筑。②建筑高度大于27m的住宅建筑和建筑高度大于24m的非单层公共建筑，且高度不大于100m，为高层民用建筑。③建筑高度大于100m的民用建筑为超高层建筑。

考点2　室内物理环境 ★

1.对安静要求较高的民用建筑，宜设置于本区域主要噪声源（　　）。

A.夏季主导风向的下风侧　　　　　　　　B.春季主导风向的下风侧

C.夏季主导风向的上风侧　　　　　　　　D.春季主导风向的上风侧

【答案】C

【解析】对安静要求较高的民用建筑，宜设置于本区域主要噪声源夏季主导风向的上风侧。

2.未设置通风系统的居住建筑，户型进深不应超过（　　）m。

A.8　　　　　　　B.10　　　　　　　C.12　　　　　　　D.15

【答案】C

【解析】采用自然通风的建筑，进深应符合下列规定：①未设置通风系统的居住建筑，户型进深不应超过12m。②公共建筑进深不宜超过40m，进深超过40m时应设置通风中庭或天井。

考点3　建筑隔震减震 ★★

1.混凝土结构房屋以及钢-混凝土组合结构房屋中，框支梁、框支柱及抗震等级不低于二级的框架梁、柱、节点核芯区的混凝土强度等级不应低于（　　）。

A.C30　　　　　　B.C40　　　　　　C.C50　　　　　　D.C60

【答案】A

【解析】混凝土结构房屋以及钢-混凝土组合结构房屋中，框支梁、框支柱及抗震等级不低于二级的框架梁、柱、节点核芯区的混凝土强度等级不应低于C30。

2.对于砌体抗震墙，其施工应（　　）。

A.先砌墙后浇构造柱、框架梁柱

B.先浇构造柱、框架梁柱后砌墙

C.先浇构造柱后砌墙、浇框架梁柱

D.先浇框架梁柱后砌墙、浇构造柱

【答案】A

【解析】对于砌体抗震墙，其施工应先砌墙后浇构造柱、框架梁柱。

考点4　建筑构造要求 ★★★

1.关于墙身散水的说法,正确的有(　　)。
A.散水的坡度可为3%～5%
B.当散水采用混凝土时,宜按20～30m间距设置沉降缝
C.散水的宽度宜为800～1000mm
D.散水与外墙之间宜设缝,缝宽可为20～30mm
E.当采用无组织排水时,散水的宽度可按檐口线放出200～300mm

【答案】ADE

【解析】墙身细部构造应满足以下要求:①散水的宽度宜为600～1000mm;当采用无组织排水时,散水的宽度可按檐口线放出200～300mm。②散水的坡度可为3%～5%;当散水采用混凝土时,宜按20～30m间距设置伸缩缝。③散水与外墙之间宜设缝,缝宽可为20～30mm,缝内应填弹性膨胀防水材料。

2.公共楼梯休息平台上部及下部过道处的净高不应小于(　　)m。
A.2.20　　　　　　　B.2.00　　　　　　　C.1.80　　　　　　　D.1.60

【答案】B

【解析】公共楼梯休息平台上部及下部过道处的净高不应小于2.00m,梯段净高不应小于2.20m。

考点5　结构可靠性要求 ★★★

1.影响钢筋混凝土梁弯曲变形的主要因素有(　　)。
A.材料性能　　　　　　　　　　B.构件的截面
C.构件的跨度　　　　　　　　　D.荷载
E.混凝土徐变

【答案】ABCD

【解析】影响梁的位移变形因素除荷载外,还有:①材料性能。与材料的弹性模量E成反比。②构件的截面。与截面的惯性矩I成反比。③构件的跨度。与跨度l的4次方成正比,此因素影响最大。

2.预应力混凝土梁的最低强度等级不应低于(　　)。
A.C25　　　　　　　B.C30　　　　　　　C.C35　　　　　　　D.C40

【答案】D

【解析】预应力混凝土楼板结构的混凝土最低强度等级不应低于C30,其他预应力混凝土构件的混凝土最低强度等级不应低于C40。

考点6　建筑结构体系 ★

1.常用建筑结构体系中，应用高度最高的结构体系是（　　）。
　　A.筒体结构　　　　　　　　　　　　B.剪力墙结构
　　C.框架-剪力墙结构　　　　　　　　D.框架结构

【答案】A

【解析】筒体结构是抵抗水平荷载最有效的结构体系，可以适用于高度不超过300m的建筑。

2.结构超出承载能力极限状态的是（　　）。
　　A.影响结构使用功能的局部破坏　　B.影响耐久性的局部破坏
　　C.结构发生疲劳破坏　　　　　　　　D.造成人员不适的振动

【答案】C

【解析】涉及人身安全以及结构安全的极限状态应作为承载能力极限状态。当结构或结构构件出现下列状态之一时，应认为超过了承载能力极限状态：①结构构件或连接因超过材料强度而破坏，或因过度变形而不适于继续承载。②地基丧失承载力而破坏。③结构或结构构件发生疲劳破坏。④结构因局部破坏而发生连续倒塌。⑤整个结构或其一部分作为刚体失去平衡。⑥结构或结构构件丧失稳定。⑦结构转变为机动体系。

考点7　结构设计作用（荷载）★★

1.属于结构设计间接作用（荷载）的是（　　）。
　　A.预加应力　　　　　　　　　　　　B.起重机荷载
　　C.撞击力　　　　　　　　　　　　　D.混凝土收缩

【答案】D

【解析】A选项错误，预加应力属于永久作用。B选项错误，起重机荷载属于可变作用。C选项错误，撞击力属于偶然作用。直接作用包括永久作用、可变作用、偶然作用；间接作用，指在结构上引起外加变形和约束变形的其他作用，例如温度作用、混凝土收缩、徐变等。

2.属于偶然作用（荷载）的有（　　）。
　　A.雪荷载　　　　　　　　　　　　　B.风荷载
　　C.火灾　　　　　　　　　　　　　　D.地震
　　E.吊车荷载

【答案】CD

【解析】A、B、E选项错误，它们属于可变作用，如表1-1所示。

表1-1 作用（荷载）的分类

分类		举例
直接作用	永久作用	结构自重、土压力、预加应力
	可变作用	楼屋面活荷载、起重荷载、雪、冰、风
	偶然作用	爆炸力、撞击力、火灾、地震
间接作用	引起变形	温度作用、混凝土收缩、徐变等

考点8　结构构造设计要求 ★★★

1.抗震设防烈度为9度的高层建筑，不应采用（　　）。

A.双向抗侧力结构　　　　　　　　B.带转换层的结构

C.错层结构　　　　　　　　　　　D.带加强层的结构

E.连体结构

【答案】BCDE

【解析】抗震设防烈度为9度的高层建筑，不应采用带转换层的结构、带加强层的结构、错层结构和连体结构。

2.关于混凝土结构最小截面尺寸的说法，正确的有（　　）。

A.矩形截面框架梁的截面宽度不应小于200mm

B.矩形截面框架柱的边长不应小于300mm

C.圆形截面柱的直径不应小于300mm

D.高层建筑剪力墙的截面厚度不应小于140mm

E.现浇钢筋混凝土实心楼板的厚度不应小于80mm

【答案】ABE

【解析】C选项错误，圆形截面柱的直径不应小于350mm。D选项错误，高层建筑剪力墙的截面厚度不应小于160mm。

考点9　装配式建筑 ★

1.高层装配整体式结构宜采用现浇混凝土的有（　　）。

A.框架结构中间层　　　　　　　　B.剪力墙结构底部加强部位的剪力墙

C.地下室　　　　　　　　　　　　D.框架结构填充墙

E.框架结构首层柱

【答案】BCE

【解析】高层装配整体式结构应符合下列规定：①宜设置地下室，地下室宜采用现浇混凝土。②剪力墙结构底部加强部位的剪力墙宜采用现浇混凝土。③框架结构首层柱宜采用现浇混凝土，顶层宜采用现浇楼盖结构。

2.预制剪力墙底部接缝宜设置在楼面标高处，接缝高度宜为（　　）mm。

A.15　　　　　　　B.18　　　　　　　C.20　　　　　　　D.22

【答案】C

【解析】预制剪力墙底部接缝宜设置在楼面标高处，并应符合下列规定：①接缝高度宜为20mm。②接缝宜采用灌浆料填实。③接缝处后浇混凝土上表面应设置粗糙面。

考点10　钢材★★★

1.下列属于钢材工艺性能的有（　　）。

A.冲击性能　　　　　　　　　　　　B.弯曲性能

C.疲劳性能　　　　　　　　　　　　D.焊接性能

E.拉伸性能

【答案】BD

【解析】A、C、E选项属于建筑钢材的力学性能。

2.对HRB400E钢筋的要求，说法正确的是（　　）。

A.极限强度标准值不小于400MPa

B.抗拉强度实测值与屈服强度实测值之比不大于1.25

C.屈服强度实测值与屈服强度标准值之比不大于1.30

D.最大力总延伸率实测值不小于7%

【答案】C

【解析】A选项错误，屈服强度标准值不小于400MPa。B选项错误，抗拉强度实测值与屈服强度实测值之比不小于1.25。D选项错误，钢筋的最大力总延伸率实测值不小于9%。

考点11　水泥★★★

1.关于粉煤灰水泥主要特征的说法，正确的是（　　）。

A.水化热较小　　　　　　　　　　　B.抗冻性好

C.干缩性较大　　　　　　　　　　　D.早期强度高

【答案】A

【解析】粉煤灰水泥特性：①凝结硬化慢、早期强度低，后期强度增长较快。②水化热较小。③抗冻性差。④耐热性较差。⑤耐蚀性较好。⑥干缩性较小。⑦抗裂性较高。

2.水泥的初凝时间指（　　）。

A.从水泥加水拌合起至水泥浆失去可塑性所需的时间

B.从水泥加水拌合起至水泥浆开始失去可塑性所需的时间

C.从水泥加水拌合起至水泥浆完全失去可塑性所需的时间

D.从水泥加水拌合起至水泥浆开始产生强度所需的时间

【答案】B

【解析】初凝时间是从水泥加水拌合起至水泥浆开始失去可塑性所需的时间，终凝时间是从水泥加水拌合起至水泥浆完全失去可塑性并开始产生强度所需的时间。

考点12　混凝土★★★

1.影响混凝土拌合物和易性的主要因素包括（　　）。

A.强度 B.组成材料的性质

C.砂率 D.单位体积用水量

E.时间和温度

【答案】BCDE

【解析】影响混凝土拌合物和易性的主要因素包括单位体积用水量、砂率、组成材料的性质、时间和温度等。

2.碳化使混凝土（　　）。

A.碱度降低、收缩增加、抗压强度增大 B.碱度降低、收缩减小、抗压强度降低

C.碱度增大、收缩减小、抗压强度降低 D.碱度增大、收缩增加、抗压强度增大

【答案】A

【解析】碳化使混凝土的碱度降低，削弱混凝土对钢筋的保护作用，可能导致钢筋锈蚀；碳化显著增加混凝土的收缩，使混凝土抗压强度增大，但可能产生细微裂缝，而使混凝土抗拉、抗折强度降低。

考点13　砌体材料★★

1.某三个一组的砂浆立方体试件，三个试件的抗压强度值分别为10.0MPa、9.6MPa、8.0MPa。则该组砂浆试件的抗压强度代表值为（　　）MPa。

A.8.0 B.9.2 C.9.6 D.试验结果无效

【答案】C

【解析】每组取3个试块进行抗压强度试验，抗压强度试验结果确定原则：

①应以三个试件测值的算术平均值作为该组试件的砂浆立方体试件抗压强度平均值,精确至0.1MPa。

②当三个测值的最大值或最小值中如有一个与中间值的差值超过中间值的15%时,则把最大值及最小值一并舍去,取中间值作为该组试件的抗压强度值。

③该组试件中,最小值与中间值的差值超过了中间值的15%,取中间值作为该组试件的抗压强度值。当两个测值与中间值的差值均超过中间值的15%时,则该组试件的试验结果为无效。

2.一般用于房屋防潮层以下砌筑的砂浆是（　　）。

A.水泥砂浆　　　　　　　　　　　　B.水泥黏土砂浆

C.水泥电石砂浆　　　　　　　　　　D.水泥石灰砂浆

【答案】A

【解析】水泥砂浆强度高、耐久性好,但流动性、保水性均稍差,用于房屋防潮层以下的砌体或对强度有较高要求的砌体。

考点14　装饰装修材料★★

1.关于天然花岗石特性的说法,正确的是（　　）。

A.碱性材料　　　　B.酸性材料　　　　C.耐火　　　　D.吸水率高

【答案】B

【解析】花岗石构造致密、强度高、密度大、吸水率极低、质地坚硬、耐磨,属酸性硬石材。其耐酸、抗风化、耐久性好,使用年限长。但其所含的石英在高温下会发生晶变,体积膨胀而开裂,因此不耐火。

2.木材的变形在各个方向不同,下列表述正确的是（　　）。

A.顺纹方向最小,径向较大,弦向最大　　　　B.顺纹方向最小,弦向较大,径向最大

C.径向最小,顺纹方向较大,弦向最大　　　　D.径向最小,弦向较大,顺纹方向最大

【答案】A

【解析】由于木材构造的不均匀性,木材的变形在各个方向上也不同;顺纹方向最小,径向较大,弦向最大。因此,湿材干燥后,其截面尺寸和形状会发生明显的变化。

考点15　功能性材料★★★

1.下列建筑密封材料中,属于定型密封材料的是（　　）。

A.密封膏　　　　B.密封条　　　　C.密封胶　　　　D.密封剂

【答案】B

【解析】建筑密封材料分为定型和非定型密封材料两大类型。定型密封材料是具有一定形状和尺寸的密封材料,包括各种止水带、止水条、密封条等。非定型密封材料是指密封膏、密封胶、密封剂等黏稠状的

密封材料。

2.导热系数最大的是（　　）。

A.水　　　　　　　B.空气　　　　　　　C.钢材　　　　　　　D.冰

【答案】C

【解析】导热系数以金属最大，非金属次之，液体较小，气体更小。

专题练习

【案例1】

一新建住宅工程，地下1层，地上17层，建筑高度53m，面积28000m²。项目部直径20mm的HRB400E钢筋强度检测值：抗拉强度650MPa，屈服强度510MPa，最大力下总伸长率为12%。直径10mm的HPB300钢筋现场调直后检测合格率为3.5%。3个重量检测试件测量值：长度分别为801mm、795mm、810mm，总重量为1325g。

【问题】分别判断背景资料中直径10mm、20mm钢筋直径的检测结果是否合格，并说明理由。（直径10mm钢筋理论重量为0.617kg/m）。

答题区

参考答案

（1）直径10mm钢筋检测：不合格。

钢筋理论重量为0.617×（801+795+810）=1485（g）；

重量偏差=（1325-1485）÷1485×100%=-10.77%<-10%，超过了10%，该指标不合格。

（2）直径20mm钢筋检测：合格。

抗拉强度实测值与屈服强度实测值之比=650÷510=1.27>1.25，该指标合格；

屈服强度实测值与屈服强度标准值之比=510÷400=1.28<1.30，该指标合格；

最大伸长率12%>9%，该指标合格。

【案例2】

项目经理部编制的屋面工程施工方案中规定:

(1)工程采用倒置式屋面,屋面构造层包括防水层、保温层、找平层、找坡层、隔离层、结构层和保护层。

(2)防水层选用三元乙丙高分子防水卷材。

(3)防水层施工完成后进行雨后观察或淋水、蓄水试验,持续时间应符合规范要求。合格后再进行隔离层施工。

【问题】常用的高分子防水卷材还有哪些?(如三元乙丙)

答题区

参考答案

常用的高分子防水卷材还有聚氯乙烯、氯化聚乙烯、氯化聚乙烯-橡胶共混、三元丁橡胶防水卷材。

专题二 施工与技术

导图框架

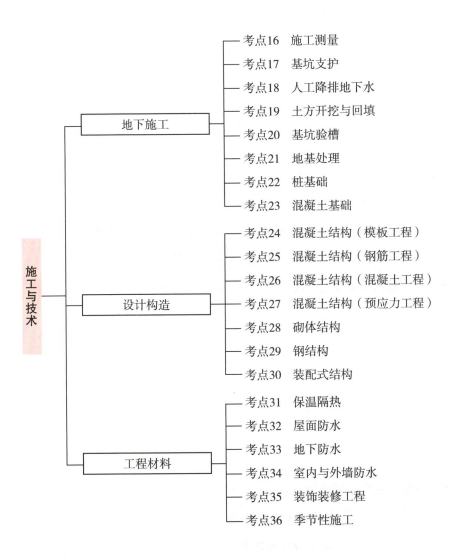

专题雷达图

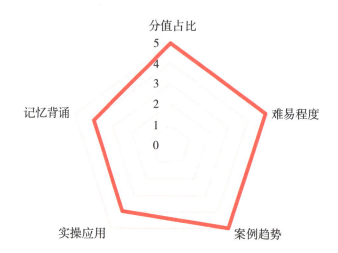

分值占比： 选择题、案例题均会考查，历年平均分值在35分左右。
难易程度： 涉及具体的施工工艺、流程、要求等，有较大难度。
案例趋势： 案例必考专题，可以与质量管理、验收管理以及相关标准等结合进行综合考查。
实操应用： 施工技术是重难点，没有实操经验的话需要付出更多的精力来学习。
记忆背诵： 要求先理解各分部分项工程的施工工艺及技术要求，然后再进行记忆。

考点练习

考点16　施工测量 ★★

1.依据建筑场地的施工控制方格网放线，最为方便的方法是（　　）。

A.极坐标法　　　　　　　　　　　　B.角度前方交会法

C.直角坐标法　　　　　　　　　　　D.方向线交会法

【答案】C

【解析】当建筑场地的施工控制网为方格网或轴线形式时，采用直角坐标法放线最为方便。

2.地面高程测量时设A为后视点，B为前视点。已知A点高程为33.14m，前视点视尺读数为0.86m，后视点视尺读数为1.26m时，则B点的高程是（　　）m。

A.32.54　　　　　B.32.74　　　　　C.33.54　　　　　D.33.74

【答案】C

【解析】高程计算公式：$H_A+a=H_B+b$。已知点高程+后视读数=未知点高程+前视读数，所以33.14+1.26=B点的高程+0.86，因此B点的高程为33.54m。

3.位移观测基准点，在特等、一等观测时，不应少于（　　）个。

A.1　　　　　　　B.2　　　　　　　C.3　　　　　　　D.4

【答案】D

【解析】位移观测基准点，对水平位移观测、基坑监测和边坡监测，在特等、一等观测时，不应少于4个；其他等级观测时不应少于3个。

考点17　基坑支护★★★

1.基坑侧壁安全等级为一级时，可采用的支护结构有（　　）。

A.灌注桩排桩　　　　　　　　　　　B.地下连续墙

C.土钉墙　　　　　　　　　　　　　D.型钢水泥土搅拌墙

E.水泥土重力式围护墙

【答案】ABD

【解析】C、E选项错误，土钉墙、水泥土重力式围护墙均适用于安全等级为二、三级的基坑侧壁。

2.关于地下连续墙的施工要求，说法正确的有（　　）。

A.地下连续墙单元槽段长度宜为8～10m

B.导墙高度不应小于1.0m

C.应设置现浇钢筋混凝土导墙

D.水下混凝土应采用导管法连续浇筑

E.混凝土达到设计强度后方可进行墙底注浆

【答案】CDE

【解析】A选项错误，地下连续墙单元槽段长度宜为4～6m。B选项错误，应设置现浇钢筋混凝土导墙，导墙高度不应小于1.2m。

3.基坑工程的现场巡视检查，应包括的主要内容有（　　）。

A.支护结构　　　　　　　　　　　　B.设计文件

C.周边环境　　　　　　　　　　　　D.监测设施

E.勘察报告

【答案】ACD

【解析】基坑工程的现场监测应采用仪器监测与现场巡视检查相结合的方法。基坑工程整个施工期内，每天均应有专人进行巡视检查。巡视检查应包括主要内容：支护结构、施工状况、周边环境、监测设施及其他巡视检查内容。

考点18　人工降排地下水★

1.可以起到防止深基坑坑底突涌作用的措施有（　　）。
A.集水明排
B.钻孔减压
C.井点降水
D.井点回灌
E.水平封底隔渗

【答案】BE

【解析】当基坑底为隔水层且层底作用有承压水时，应进行坑底突涌验算。必要时可采取水平封底隔渗或钻孔减压措施，保证坑底土层稳定，避免突涌的发生。

2.针对含水丰富的潜水、承压水的土层，适宜采用的降水技术是（　　）。
A.真空井点　　　B.轻型井点　　　C.喷射井点　　　D.降水管井

【答案】D

【解析】非真空降水管井适用于含水丰富的潜水、承压水和裂隙水土层，降水深度（地面以下）大于6m。

考点19　土方开挖与回填★★

1.深基坑的土方开挖，边坡防护可采用的方法不包括（　　）。
A.水泥砂浆　　　B.挂网砂浆　　　C.钢筋网　　　D.混凝土

【答案】C

【解析】深基坑的土方开挖，边坡防护可采用水泥砂浆、挂网砂浆、混凝土、钢筋混凝土等方法。

2.不能用作填方土料的有（　　）。
A.淤泥
B.淤泥质土
C.有机质大于5%的土
D.砂土
E.碎石土

【答案】ABC

【解析】填方土料应符合设计要求，保证填方的强度和稳定性。一般不能选用淤泥、淤泥质土、有机质大于5%的土、含水量不符合压实要求的黏性土。填方土应尽量采用同类土。

考点20　基坑验槽★

1.基坑验槽必须参加的单位有（　　）。
A.建设单位
B.设计单位
C.监理单位
D.分包单位

E.勘察单位

【答案】ABCE

【解析】基坑（槽）挖至基底设计标高并清理后，施工单位必须会同勘察、设计、建设、监理等单位共同进行验槽，合格后方能进行基础工程施工。

2.通常基坑验槽主要采用的方法是（　　）。

A.观察法　　　　　　B.钎探法　　　　　　C.丈量法　　　　　　D.动力触探

【答案】A

【解析】验槽方法通常主要采用观察法，而对于基底以下的土层不可见部位，要先辅以钎探法配合共同完成。

考点21　地基处理★

1.关于换填地基的施工要求，说法错误的有（　　）。

A.灰土地基，土料可采用黏土或砂质黏土

B.灰土地基，灰土体积配合比宜为2∶8或3∶7

C.灰土地基，灰土分层回填夯实厚度为300～500mm

D.砂石地基，当使用粉细砂或石粉时，应掺入不少于总重30%的碎石或卵石

E.粉煤灰地基最上层宜覆盖土200～300mm

【答案】CE

【解析】C选项错误，灰土地基，灰土分层回填夯实厚度为200～300mm。E选项错误，粉煤灰地基最上层宜覆盖土300～500mm。

2.夯实地基的一般有效加固深度是（　　）。

A.0.5～3m　　　　　　B.3～5m　　　　　　C.3～10m　　　　　　D.5～10m

【答案】C

【解析】夯实地基，一般有效加固深度是3～10m。

考点22　桩基础★★★

1.关于钢筋混凝土预制桩锤击沉桩顺序的说法，正确的有（　　）。

A.对不同长短的桩，宜先长后短

B.对于密集桩群，从中间开始分头向四周或两边对称施打

C.当一侧毗邻建筑物时，由毗邻建筑物处向另一方向施打

D.对基础标高不一的桩，宜先浅后深

E.对不同规格的桩，宜先小后大

【答案】ABC

【解析】沉桩顺序应按先深后浅、先大后小、先长后短、先密后疏的次序进行。对于密集桩群应控制沉桩速率，宜从中间向四周或两边对称施打；当一侧毗邻建筑物时，由毗邻建筑物处向另一方向施打。

2.关于泥浆护壁钻孔灌注桩的施工要求，说法正确的有（   ）。

A.应进行工艺性试成孔，数量不少于2根

B.端承型桩清孔后孔底沉渣厚度不大于100mm

C.水下混凝土强度应比设计强度等级提高等级配置，坍落度宜为180～220mm

D.桩底注浆导管应采用钢管，单根桩上数量不少于2根

E.注浆终止条件应以控制注浆压力为主

【答案】ACD

【解析】B选项错误，清孔后孔底沉渣厚度要求：端承型桩应不大于50mm，摩擦型桩应不大于100mm。E选项错误，注浆终止条件应控制注浆量与注浆压力两个因素，以前者（注浆量）为主。

3.判定或鉴别桩端持力层岩土性状的检测方法是（   ）。

A.钻芯法　　　　　　　　　　　　B.低应变法

C.高应变法　　　　　　　　　　　D.声波透射法

【答案】A

【解析】钻芯法的目的：检测灌注桩桩长、桩身混凝土强度、桩底沉渣厚度，判定或鉴别桩端持力层岩土性状，判定桩身完整性类别。

考点23　混凝土基础★★★

1.混凝土垂直运输的设备主要有（   ）。

A.混凝土汽车泵　　　　　　　　　B.塔式起重机

C.混凝土搅拌输送车　　　　　　　D.手推车

E.施工电梯

【答案】ABE

【解析】混凝土水平运输设备主要有：混凝土搅拌输送车、机动翻斗车、手推车等。混凝土垂直运输设备主要有：混凝土汽车泵（移动泵）、固定泵、塔式起重机、汽车吊、施工电梯、井架等。

2.关于大体积混凝土配合比的设计要求，说法正确的有（   ）。

A.混凝土拌合物的坍落度不宜大于200mm　　　B.拌合水用量不宜大于170kg/m³

C.粉煤灰掺量不宜大于胶凝材料用量的50%　　D.水胶比不宜大于0.5

E.砂率宜为38%～45%

【答案】BCE

【解析】A选项错误，混凝土拌合物的坍落度不宜大于180mm。D选项错误，水胶比不宜大于0.45。

3.关于大体积混凝土基础施工要求的说法，正确的是（　　）。

A.采用跳仓法时，跳仓的最大分块单向尺寸不宜大于50m

B.混凝土整体连续浇筑时，浇筑层厚度宜为300～500mm

C.保湿养护持续时间不少于7d

D.当混凝土表面温度与环境最大温差小于30℃时，全部拆除保温覆盖层

【答案】B

【解析】A选项错误，采用跳仓法时，跳仓的最大分块单向尺寸不宜大于40m。C选项错误，大体积混凝土保湿养护持续时间不宜少于14d。D选项错误，拆除保温覆盖时混凝土浇筑体表面与大气温差不应大于20℃。

考点24　混凝土结构（模板工程）★★★

1.模板工程设计的原则有（　　）。

A.实用性　　　　　　　　　　B.安全性

C.耐久性　　　　　　　　　　D.可靠性

E.经济性

【答案】ABE

【解析】模板工程设计的原则：实用性、安全性、经济性。

2.跨度6m、设计混凝土强度等级C30的板，拆除底模时的同条件养护标准立方体试块抗压强度值至少应达到（　　）。

A.15N/mm^2　　　　　　　　B.18N/mm^2

C.22.5N/mm^2　　　　　　　D.30N/mm^2

【答案】C

【解析】板跨度≤8m，达到设计的混凝土立方体抗压强度标准值的75%方可拆除。即30×75%=22.5（N/mm^2）。

3.关于模板的拆除顺序，正确的有（　　）。

A.先支的后拆　　　　　　　　B.后支的先拆

C.先拆非承重模板　　　　　　D.后拆承重模板

E.从下而上进行拆除

【答案】ABCD

【解析】模板的拆除顺序：一般按后支先拆、先支后拆，先拆除非承重部分后拆除承重部分的拆模顺序，并应从上而下进行。

考点25　混凝土结构（钢筋工程）★★★

1.钢筋代换时应满足的构造要求有（　　）。

A.裂缝宽度验算　　　　　　　　　　　B.配筋率

C.钢筋间距　　　　　　　　　　　　　D.保护层厚度

E.钢筋锚固长度

【答案】CDE

【解析】钢筋代换除应满足设计要求的构件承载力、最大力下的总伸长率、裂缝宽度验算以及抗震规定外，还应满足最小配筋率、钢筋间距、保护层厚度、钢筋锚固长度、接头面积百分率及搭接长度等构造要求。

2.关于钢筋接头的设置，说法不正确的是（　　）。

A.设置在受力较小处

B.同一纵向受力钢筋不宜设置两个或两个以上接头

C.接头末端至钢筋弯起点的距离不应小于钢筋直径的10倍

D.同一连接区段内纵向受拉钢筋的接头面积百分率，不受限制

【答案】D

【解析】当纵向受力钢筋采用机械连接接头或焊接接头时，同一连接区段内纵向受力钢筋的接头面积百分率应符合设计要求。当设计无具体要求时，应符合下列规定：受拉接头，不宜大于50%；受压接头，可不受限制。

3.关于钢筋加工的说法，正确的是（　　）。

A.钢筋冷拉调直时，不能同时进行除锈

B.HRB级钢筋采用冷拉调直时，冷拉率允许最大值为4%

C.钢筋的切断口可以有马蹄形现象

D.钢筋的加工宜在常温下进行，加工过程不应加热钢筋

【答案】D

【解析】A选项错误，钢筋可以在钢筋冷拉或调直过程中除锈。B选项错误，带肋钢筋的冷拉率不宜超过1%。C选项错误，钢筋切断口不得有马蹄形或起弯等现象。

4.关于钢筋安装的说法，正确的有（　　）。

A.框架梁钢筋一般应安装在柱纵向钢筋外侧　　B.柱箍筋转角与纵向钢筋交叉点均应扎牢

C.楼板的钢筋中间部分可以相隔交错绑扎　　　D.现浇悬挑板上部负筋被踩下可以不修理

E.主次梁交叉处主梁钢筋通常在次梁下

【答案】BCE

【解析】A选项错误，框架梁钢筋一般应安装在柱纵向钢筋内侧。D选项错误，现浇悬挑板上部负筋应防止被踩下，被踩下后应及时修理。

考点26　混凝土结构（混凝土工程）★★★

1.关于混凝土的搅拌和运输，说法不正确的是（　　）。

A.混凝土搅拌可由场外商品混凝土搅拌站或现场搅拌站搅拌

B.混凝土在运输中不宜发生分层、离析现象

C.如果混凝土在运输过程中发生离析，只能退货

D.要尽量减少混凝土的运输时间和转运次数，确保混凝土在初凝前运至现场并浇筑完毕

【答案】C

【解析】C选项错误，混凝土在运输中不宜发生分层、离析现象；否则，应在浇筑前二次搅拌。

2.关于主体结构混凝土浇筑的说法，正确的有（　　）。

A.柱模板内浇筑混凝土时，混凝土自由倾落高度不宜超过3m

B.在浇筑竖向结构混凝土前，应先在底部填以不大于30mm厚的水泥砂浆

C.在浇筑与柱和墙连成整体的梁和板时，应在柱和墙浇筑完毕后停歇1～1.5h，再继续浇筑

D.混凝土宜分层浇筑，分层振捣

E.混凝土浇筑过程中，若发现混凝土太干，可加水稀释

【答案】CD

【解析】A选项错误，当粗骨料料径＞25mm时，不宜超过3m；当粗骨料料径＜25mm时，不宜超过6m。B选项错误，在浇筑竖向结构混凝土前，先在底部填以≤30mm厚与混凝土内砂浆成分相同的水泥砂浆。E选项错误，混凝土运输、输送、浇筑过程中严禁加水。

3.关于后浇带设置和处理的说法，正确的是（　　）。

A.填充后浇带，应采用与结构相同的混凝土

B.混凝土强度等级与原结构混凝土强度相同

C.后浇带混凝土保持至少7d的湿润养护

D.后浇带接缝处按施工缝的要求处理

【答案】D

【解析】A选项错误，填充后浇带，可采用微膨胀混凝土。B选项错误，强度等级比原结构强度提高一级。C选项错误，并保持至少14d的湿润养护。

4.强度等级C60及以上的混凝土，养护时间不应少于（　　）。

A.3d　　　　　　　B.7d　　　　　　　C.14d　　　　　　　D.28d

【答案】C

【解析】抗渗混凝土、强度等级C60及以上的混凝土，养护时间不应少于14d。

考点27 混凝土结构（预应力工程）★

1.下列选项中，属于先张法特点的有（   ）。

A.先张拉预应力筋，再浇筑混凝土

B.先浇筑混凝土，达到一定强度后，再在其上张拉预应力筋

C.预应力是靠预应力筋与混凝土之间的粘结力传递给混凝土

D.预应力是靠锚具传递给混凝土，并使其产生预压应力

E.按预应力筋粘结状态可分为：有粘结预应力混凝土和无粘结预应力混凝土

【答案】AC

【解析】先张法特点：先张拉预应力筋后，再浇筑混凝土；预应力是靠预应力筋与混凝土之间的粘结力传递给混凝土，并使其产生预压应力。后张法特点：先浇筑混凝土，达到一定强度后，再在其上张拉预应力筋；预应力是靠锚具传递给混凝土，并使其产生预压应力。在后张法中，按预应力筋粘结状态又可分为：有粘结预应力混凝土和无粘结预应力混凝土。

2.预应力楼盖的预应力筋的张拉顺序是（   ）。

A.主梁→次梁→板　　　　　　　　B.板→次梁→主梁

C.次梁→主梁→板　　　　　　　　D.次梁→板→主梁

【答案】B

【解析】预应力楼盖宜先张拉楼板、次梁，后张拉主梁的预应力筋。

考点28 砌体结构★★★

1.烧结普通砖砌体的砌筑砂浆的稠度一般是（   ）。

A.30～50mm　　B.50～70mm　　C.60～80mm　　D.70～90mm

【答案】D

【解析】砌筑砂浆的稠度要求：①烧结普通砖砌体：70～90mm。②普通混凝土小型空心砌块砌体：50～70mm。③烧结多孔砖、空心砖砌体，轻骨料混凝土小型空心砌块砌体：60～80mm。

2.正常施工条件下，砖砌体每日砌筑高度宜控制在（   ）内。

A.1.2m　　　　B.1.4m　　　　C.1.5m　　　　D.2.0m

【答案】C

【解析】正常施工条件下，砖砌体每日砌筑高度宜控制在1.5m或一步脚手架高度内。

3.关于小型空心砌块砌筑工艺的说法，正确的是（   ）。

A.上下通缝砌筑

B.不可采用铺浆法砌筑

C.先绑扎构造柱钢筋后砌筑，最后浇筑混凝土

D.防潮层以下的空心小砌块砌体，应用C15混凝土灌实砌体的孔洞

【答案】C

【解析】A选项错误，小砌块墙体应孔对孔、肋对肋错缝搭砌。B选项错误，小砌块可以采用铺浆法砌筑。C选项正确，设有钢筋混凝土构造柱的抗震多层砖房，应先绑扎钢筋，而后砌砖墙，最后浇筑混凝土。D选项错误，底层室内地面以下或防潮层以下的空心小砌块砌体，应用C20混凝土灌实砌体的孔洞。

4.关于普通混凝土小砌块的施工做法，正确的有（　　）。

A.在施工前先浇水湿透　　　　　　　B.清除表面污物

C.底面朝下正砌于墙上　　　　　　　D.底面朝上反砌于墙上

E.小砌块在使用时的龄期已到28d

【答案】BDE

【解析】A选项错误，普通混凝土小型空心砌块砌体，砌筑前不需对小砌块浇水。C选项错误，小砌块应将生产时的底面朝上反砌于墙上。

考点29　钢结构★★★

1.关于高强螺栓安装的说法，正确的有（　　）。

A.应能自由穿入螺栓孔　　　　　　　B.用铁锤敲击穿入

C.用锉刀修整螺栓孔　　　　　　　　D.用气割扩孔

E.扩孔的孔径不超过螺栓直径的1.2倍

【答案】ACE

【解析】B选项错误，高强度螺栓现场安装时应能自由穿入螺栓孔，不得强行穿入。D选项错误，螺栓不能自由穿入时，可采用铰刀或锉刀修整螺栓孔，不得采用气割扩孔，扩孔数量应征得设计同意，修整后或扩孔后的孔径不应超过1.2倍螺栓直径。

2.关于高层钢结构安装的说法，正确的有（　　）。

A.宜划分多个流水作业段进行安装

B.流水段宜以2～3节框架为单位

C.每节流水段内的柱长度宜取1～2个楼层高

D.吊装可采用整个流水段内先柱后梁或局部先柱后梁的顺序

E.单柱不得长时间处于悬臂状态

【答案】ADE

【解析】B选项错误，多层及高层钢结构安装，宜划分多个流水作业段进行安装，流水段宜以每节框架为单位。C选项错误，每节流水段内的柱长度应根据工厂加工、运输堆放、现场吊装等因素确定，长度宜取

2~3个楼层高。

3.钢结构涂装时,油漆防腐涂装的方法有（　　）。

A.涂刷法　　　　　　　　　　　　　B.手工滚涂法

C.空气喷涂法　　　　　　　　　　　D.弹涂法

E.高压无气喷涂法

【答案】ABCE

【解析】油漆防腐涂装可采用：涂刷法、手工滚涂法、空气喷涂法和高压无气喷涂法。

考点30　装配式结构★★★

1.关于装配式混凝土结构工程施工的说法，正确的是（　　）。

A.预制构件生产宜建立首件验收制度　　　　B.外墙板宜采用立式运输，外饰面层应朝内

C.预制楼板、阳台板宜立放　　　　　　　　D.吊索水平夹角不应小于30°

【答案】A

【解析】B选项错误，外墙板宜采用立式运输，外饰面层应朝外。C选项错误，预制楼板、叠合板、阳台板和空调板等构件宜平放，叠放层数不宜超过6层。D选项错误，吊索水平夹角不宜小于60°，不应小于45°。

2.关于预制构件的存放要求，说法错误的有（　　）。

A.存放场地应平整坚实，并有排水措施

B.合理设置支点位置，并宜与起吊点位置一致

C.产品标识应明确耐久，预埋吊件朝下，标示向外

D.存放库区已实行分区管理和信息化台账管理

E.预制柱、梁等细长构件应平放，且用一条垫木支撑

【答案】CE

【解析】C选项错误，应按产品品种、规格型号、检验状态分类存放，产品标识应明确耐久，预埋吊件朝上，标示向外。E选项错误，预制柱、梁等细长构件应平放，且用两条垫木支撑。

3.关于预制构件的安装要求，说法错误的是（　　）。

A.临时支撑系统应具有足够的强度、刚度和整体稳固性

B.预制柱安装时，与现浇部分连接的柱宜先行安装

C.预制剪力墙板安装，与现浇部分连接的剪力墙板宜先行吊装

D.预制梁和叠合梁、板安装，应遵循先主梁、后次梁，先高后低的原则

【答案】D

【解析】D选项错误，预制梁和叠合梁、板安装要求：安装顺序应遵循先主梁、后次梁，先低后高的原则。

4.装配式混凝土结构，预制构件钢筋的连接方式不包括（　　）。

A.套筒灌浆连接　　　　　　　　　　　B.焊接连接

C.铆钉连接　　　　　　　　　　　　　D.机械连接

【答案】C

【解析】预制构件钢筋可以采用钢筋套筒灌浆连接、钢筋浆锚搭接连接、焊接或螺栓连接、钢筋机械连接等连接方式。

考点31　保温隔热 ★★

1.关于喷涂硬泡聚氨酯保温层施工的说法，正确的有（　　）。

A.喷嘴与施工基面的间距应由试验确定　　　B.一个作业面应分遍喷涂完成

C.每遍喷涂厚度不宜大于20mm　　　　　　　D.硬泡聚氨酯喷涂后30min内严禁上人

E.作业时，应采取防止污染的遮挡措施

【答案】ABE

【解析】C选项错误，一个作业面应分遍喷涂完成，每遍喷涂厚度不宜大于15mm。D选项错误，硬泡聚氨酯喷涂后20min内严禁上人。

2.在正常使用和正常维护的条件下，外保温工程的使用年限不应少于（　　）年。

A.5　　　　　　　B.15　　　　　　　C.25　　　　　　　D.50

【答案】C

【解析】在正常使用和正常维护的条件下，外保温工程的使用年限不应少于25年。

考点32　屋面防水 ★★

1.关于屋面防水基本要求的说法，正确的有（　　）。

A.屋面防水应以防为主，以排为辅

B.檐沟、天沟纵向找坡不应小于2%

C.严寒和寒冷地区屋面热桥部位，应按设计要求采取节能保温等隔断热桥措施

D.找平层应留设分格缝，纵横缝的间距不宜大于8m

E.涂膜防水层的胎体增强材料宜采用无纺布或化纤无纺布

【答案】ACE

【解析】B选项错误，檐沟、天沟纵向找坡不应小于1%。D选项错误，保温层上的找平层应在水泥初凝前压实抹平，并应留设分格缝，缝宽宜为5~20mm，纵横缝的间距不宜大于6m。

2.关于屋面卷材防水施工要求的说法,正确的有( )。

A.先施工细部,再施工大面 B.平行屋脊搭接缝应顺水流方向

C.大坡面铺贴应采用满粘法 D.上下两层卷材垂直铺贴

E.上下两层卷材长边搭接缝错开

【答案】ABCE

【解析】A选项正确,卷材防水层施工时,应先进行细部构造处理,然后由屋面最低标高向上铺贴。B选项正确,平行屋脊的搭接缝应顺流水方向。C选项正确,立面或大坡面铺贴卷材时,应采用满粘法,并宜减少卷材短边搭接。D选项错误,卷材宜平行屋脊铺贴,上下层卷材不得相互垂直铺贴。E选项正确,上下层卷材长边搭接缝应错开,且不应小于幅宽的1/3。

考点33　地下防水★

1.关于地下防水工程中防水混凝土留设施工缝的说法,正确的有( )。

A.墙体水平施工缝不应留在剪力最大处

B.应留在高出底板表面不小于300mm的墙体上

C.墙体上有预留孔洞时,施工缝距离孔洞的边缘不应小于300mm

D.墙体水平施工缝宜留设在底板与侧墙的交接处

E.垂直施工缝不宜与变形缝相结合

【答案】ABC

【解析】D选项错误,墙体水平施工缝不应留在剪力最大处或底板与侧墙的交接处。E选项错误,垂直施工缝应避开地下水和裂隙水较多的地段,并宜与变形缝相结合。

2.地下工程水泥砂浆防水层的养护时间至少应为( )。

A.7d　　　　　　　B.14d　　　　　　　C.21d　　　　　　　D.28d

【答案】B

【解析】地下工程水泥砂浆终凝后应及时进行养护,养护温度不宜低于5℃,并保持砂浆表面湿润,养护时间不得少于14d。

考点34　室内与外墙防水★★

1.关于室内防水设计要求的说法,正确的是( )。

A.淋浴区墙面防水层翻起高度不应小于1800mm

B.盥洗池、盆等用水处墙面防水层翻起高度不应小于1000mm

C.墙面其他部位泛水翻起高度不应小于500mm

D.用水房间与非用水房间楼地面之间应设置阻水措施

【答案】D

【解析】A选项错误，淋浴区墙面防水层翻起高度不应小于2000mm，且不低于淋浴喷淋口高度。B选项错误，盥洗池、盆等用水处墙面防水层翻起高度不应小于1200mm。C选项错误，墙面其他部位泛水翻起高度不应小于250mm。

2.关于外墙防水层施工的说法，正确的有（　　）。

A.外墙防水层的基层找平层应平整、坚实、牢固、干净

B.外墙防水工程可以在五级风时施工

C.外墙防水工程施工的环境气温宜为5～35℃

D.外墙门、窗框、伸出外墙管道、设备或预埋件等部件安装完毕，再进行防水施工

E.外墙防水层施工，宜先做好大面积施工，再进行节点处理

【答案】ACD

【解析】B选项错误，外墙防水工程严禁在雨天、雪天和五级风及其以上时施工。E选项错误，外墙防水层施工前，宜先做好节点处理，再进行大面积施工。

考点35　装饰装修工程★

1.人造板幕墙的面板有（　　）。

A.铝塑复合板　　　　　　　　　　B.搪瓷板

C.陶板　　　　　　　　　　　　　D.纤维水泥板

E.微晶玻璃板

【答案】CDE

【解析】常用的人造板幕墙有瓷板幕墙、陶板幕墙、微晶玻璃板幕墙、石材蜂窝板幕墙、木纤维板幕墙和纤维水泥板幕墙等。

2.通常情况下，玻璃幕墙开启窗的最大开启角度是（　　）。

A.30°　　　　　　B.40°　　　　　　C.50°　　　　　　D.60°

【答案】A

【解析】幕墙开启窗的开启角度不宜大于30°，开启距离不宜大于300mm。

3.关于建筑幕墙防火、防雷的说法，正确的是（　　）。

A.防火层可以与幕墙玻璃直接接触

B.同一幕墙玻璃单元可以跨越两个防火区

C.幕墙的金属框架应与主体结构的防雷体系可靠连接

D.防火层承托板可以采用铝板

【答案】C

【解析】A选项错误，防火层不应与幕墙玻璃直接接触，防火材料朝玻璃面处宜采用装饰材料覆盖。B选项错误，同一幕墙玻璃单元不应跨越两个防火分区。D选项错误，防火层应采用厚度不小于1.5mm的镀锌钢板承托，不得采用铝板。

考点36　季节性施工★★

1.进入冬期的施工条件是（　　）。

A.当室外日最高气温连续5天稳定低于10℃　　B.当室外日最低气温连续5天稳定低于5℃

C.当室外日平均气温连续5天稳定低于5℃　　D.当室外日平均气温连续5天稳定低于10℃

【答案】C

【解析】根据当地多年气象资料统计，当室外日平均气温连续5d稳定低于5℃即进入冬期施工，当室外日平均气温连续5d高于5℃即解除冬期施工。

2.冬期浇筑的没有抗冻耐久性要求的C50混凝土，其受冻临界强度不宜低于设计强度等级的（　　）。

A.20%　　B.30%

C.40%　　D.50%

【答案】B

【解析】强度等级等于或高于C50的混凝土，不宜低于设计混凝土强度等级值的30%。

3.关于钢筋混凝土工程雨期施工的说法，正确的有（　　）。

A.对水泥和掺合料应采取防水和防潮措施

B.对粗、细骨料含水率进行实时监测

C.浇筑板、墙、柱混凝土时，可适当减小坍落度

D.应选用具有防雨水冲刷性能的模板脱模剂

E.钢筋焊接接头可采用雨水急速降温

【答案】ABCD

【解析】E选项错误，雨天施焊应采取遮蔽措施，焊接后未冷却的接头应避免遇雨急速降温。

4.混凝土在高温施工环境下施工，可采取的措施有（　　）。

A.在早间施工　　B.在晚间施工

C.喷雾　　D.连续浇筑

E.吹风

【答案】ABCD

【解析】高温期混凝土浇筑宜在早间或晚间进行，且宜连续浇筑。当混凝土水分蒸发较快时，应在施工作业面采取挡风、遮阳、喷雾等措施。

5.在高温天气下,混凝土浇筑入模温度不应高于(　　)。

A.30℃　　　　　　　　B.35℃　　　　　　　　C.37℃　　　　　　　　D.40℃

【答案】B

【解析】混凝土浇筑入模温度不应高于35℃,大体积混凝土入模温度宜控制在5~30℃。

专题练习

【案例1】

某施工单位承建一项高档住宅楼工程,钢筋混凝土剪力墙结构,地下2层,地上26层,建筑面积36000m²。施工单位项目部根据该工程的特点,编制了"施工期变形测量专项方案",明确了建筑测量精度等级为一等,且规定了两类变形测量基准点设置均不少于4个。

【问题】建筑变形测量精度分为几个等级?变形测量基准点分为哪两类?其设置要求有哪些?

参考答案

(1)5个等级。

(2)分为沉降观测基准点和位移观测基准点两类。

(3)沉降观测基准点,在特等、一等沉降观测时,不应少于4个;其他等级沉降观测时,不应少于3个。基准之间应形成闭合环。位移观测基准点,对水平位移观测、基坑监测和边坡监测,在特等、一等观测时,不应少于4个;其他等级观测时不应少于3个。

【提示】建筑变形测量等级分为特等、一等、二等、三等、四等,共五级。

【案例2】

某写字楼工程建筑面积86840m²，建筑高度40m，地下1层，基坑深度4.5m，地上11层为钢筋混凝土框架结构。

基坑开挖前，施工单位委托具备相应资质的第三方对基坑工程进行现场检测，监测单位编制了监测方案，经建设方、监理方认可后开始施工。

隐蔽工程验收合格后，施工单位填报了浇筑申请单，监理工程师签字确认。施工班组将水平输送泵管固定在脚手架小横杆上，采用振动棒倾斜于混凝土内由近及远，分层浇筑，监理工程师发现后责令停工整改。

【问题】

1. 本工程在基坑检测管理工作中有哪些不妥之处？说明理由。
2. 在浇筑混凝土工作中，施工班组的做法有哪些不妥之处？说明正确做法。

参考答案

1. 不妥之处1：施工单位委托具备相应资质的第三方对基坑工程进行现场检测。

理由：应当由建设单位委托。

不妥之处2：经建设方、监理方认可后开始施工。

理由：还应经设计方认可后方可开始施工。

2. 不妥之处1：施工班组将水平输送泵管固定在脚手架小横杆上。

正确做法：应固定在特制的固定支架上。

不妥之处2：采用振动棒倾斜于混凝土内振捣。

正确做法：振动棒应垂直于混凝土面并快插慢拔，均匀振捣。

不妥之处3：混凝土内由近及远，分层浇筑。

正确做法：浇筑时由远及近，分层浇筑。

【案例3】

某施工企业中标一项新建办公楼工程,地下2层,地上28层。钢筋混凝土灌注桩基础,上部为框架剪力墙结构,建筑面积28600m²。桩基施工完成后,项目部采用高应变法按要求进行了工程桩桩身完整性检测,其抽检数量按照相关的标准规定进行选取。

【问题】灌注桩桩身完整性检测方法还有哪些?桩身完整性抽检数量的标准规定有哪些?

参考答案

(1)钻芯法,低应变法,声波透射法。

(2)工程桩应进行桩身完整性检验;抽检数量不应少于总桩数的20%,且不应少于10根。每根柱子承台下的桩抽检数量不应少于1根。

【案例4】

某新建医院工程,地下2层,地上8~16层,总建筑面积11.8万m²,基坑深度9.8m,沉管灌注桩基础,钢筋混凝土结构。施工单位在桩基础专项施工方案中,根据工程所在地含水量较小的土质特点,确定沉管灌注桩选用单打法成桩工艺,其成桩过程包括桩机就位、锤击(振动)沉管、上料等工作内容。

【问题】沉管灌注桩施工除单打法外,还有哪些方法?成桩过程还有哪些内容?

参考答案

（1）复打法或反插法。

（2）沉管灌注桩成桩过程为：桩机就位→锤击（振动）沉管→上料→边锤击（振动）边拔管，并继续浇筑混凝土→下钢筋笼，继续浇筑混凝土及拔管→成桩。

【案例5】

某新建高层住宅工程，建筑面积16000m²。地下1层，地上12层，2层以下为现浇钢筋混凝土结构，2层以上为装配式混凝土结构，预制墙板钢筋采用套筒灌浆连接施工工艺。监理工程师在检查土方回填施工时发现：回填土料混有生活垃圾；土料铺填厚度大于400mm；采用振动压实机压实2遍成活；每天将回填2~3层的环刀法取的土样统一送检测单位检测压实系数。监理工程师对此提出整改要求。

【问题】指出土方回填施工中的不妥之处，并写出正确做法。

参考答案

不妥之处1：回填土料混有生活垃圾。

正确做法：回填土料不得有生活垃圾，应尽量采用同类土回填。

不妥之处2：土料铺填厚度大于400mm。

正确做法：填土施工的分层厚度应控制在250~350mm。

不妥之处3：采用振动压实机压实2遍成活。

正确做法：每层压实遍数至少为3~4次。

不妥之处4：每天将回填2~3层的环刀法取的土样统一送检测单位检测压实系数。

正确做法：每层都要取样送检。

【提示】填土施工分层厚度及压实遍数详见表2-1。

表2-1 填土施工分层厚度及压实遍数

压实机具	分层厚度（mm）	每层压实遍数（次）
平碾	250~300	6~8
振动压实机	250~350	3~4
柴油打夯机	200~250	3~4
人工打夯	<200	3~4

【案例6】

某新建仓储工程，建筑面积8000m²，地下1层，地上1层，采用钢筋混凝土筏板基础，建筑高度12m；地下室为钢筋混凝土框架结构，地上部分为钢结构。筏板基础的混凝土强度等级为C30，内配双层钢筋网，主筋为HRB400直径20mm螺纹钢。筏板基础下三七灰土夯实，无混凝土垫层。

项目部制定的筏板基础钢筋施工技术方案中规定：钢筋保护层厚度控制在40mm；主筋通过直螺纹连接接长，钢筋交叉点按照相隔交错扎牢，绑扎点钢丝扣的绑扎方向要求一致；上下层钢筋网之间的拉钩要绑扎牢固，以保证上下层钢筋网相对位置准确。

监理工程师审查后认为有些规定不妥，要求改正。

【问题】写出筏板基础钢筋技术方案中的不妥之处，并分别说明理由。

参考答案

不妥之处1：钢筋保护层厚度控制在40mm。

理由：基础中纵向受力钢筋的混凝土保护层厚度应按设计要求，且不应小于40mm；当无垫层时，不应小于70mm。

不妥之处2：钢筋交叉点按照相隔交错扎牢。

理由：须将全部钢筋相交点扎牢。

不妥之处3：绑扎点的钢丝扣绑扎方向要求一致。

理由：绑扎时应注意相邻绑扎点的钢丝扣要呈八字形。

不妥之处4：上下层钢筋网之间的拉钩要绑扎牢固，以保证上下层钢筋网相对位置准确。

理由：基础底板采用双层钢筋网时，在上层钢筋网下面应设置钢筋撑脚，以保证钢筋位置正确。

【案例7】

某新建住宅工程，建筑面积12000m²，地下1层，地上11层，混合结构。项目部工程测量专项方案包括：采用国家现行的平面坐标系统及高程标准和时间基准，从地下室砌筑完成后开始到正常施工完成期间，按计划定期对工程进行沉降观测。

【问题】该工程采用的时间基准是什么？施工沉降观测周期和时间要求有哪些？

参考答案

（1）以公历纪元、北京时间作为统一时间基准。

（2）沉降观测的周期和时间要求：

①在基础完工后和地下室砌完后开始观测。

②民用高层建筑宜每加高2~3层观测1次。

③如建筑施工均匀增高，应至少在增加荷载的25%、50%、75%、100%时各测1次。

④施工中若暂时停工，停工及重新开工时要各测1次，停工期间每隔2~3月测1次。

⑤竣工后运营阶段的观测次数：在第一年观测3~4次；第二年观测2~3次；第三年开始每年1次，到沉降达到稳定状态和满足观测要求为止。

【案例8】

某工程中，240mm厚灰砂砖填充墙与主体结构连接施工的要求：填充墙与柱连接钢筋为2ϕ6@600，伸入墙内500mm；填充墙与结构梁下最后三皮砖空隙部位，在墙体砌筑7d后砌筑填实。

【问题】指出填充墙与主体结构连接施工要求中的不妥之处，并写出正确做法。

参考答案

不妥之处1：填充墙与柱连接钢筋间距600mm。
正确做法：间距不大于500mm。
不妥之处2：填充墙与柱连接钢筋伸入墙内500mm。
正确做法：每边伸入墙内不小于1m。
不妥之处3：填充墙顶部空隙部位，在墙体砌筑7d后砌筑填实。
正确做法：应在下部墙砌完14d后砌筑。

【案例9】

因工期紧，砌块生产7d后运往工地进行砌筑，砌筑砂浆采用收集的循环水进行现场拌制，墙体一次砌筑至梁底以下200mm位置，留待14d后砌筑顶紧。监理工程师进行现场巡视后责令停工整改。

【问题】针对不妥之处，分别写出相应的正确做法。

参考答案

正确做法1：砌块达到28d强度后，进行砌筑。

正确做法2：宜采用可饮用水，其他水源水质应符合现行行业标准《混凝土用水标准》（JGJ 63—2006）的规定。

【案例10】

监理工程师巡视第4层卫生间填充墙砌筑施工现场时，发现加气混凝土砌块填充墙体直接从结构楼面开始砌筑，砌筑到梁底并间歇2d后立即将其补齐挤紧。

【问题】根据《砌体结构工程施工质量验收规范》（GB 50203—2013），指出卫生间填充墙砌筑过程中的错误，并分别写出正确做法。

参考答案

错误1：加气混凝土砌块填充墙体直接从结构楼面开始砌筑。

正确做法：卫生间用加气混凝土砌块砌筑墙体时，墙底部宜现浇混凝土坎台，其高度不宜小于150mm。

错误2：填充墙砌筑到梁底并间歇2d后立即将其补齐挤紧。

正确做法：填充墙砌至接近梁底时，应至少间隔14d后将其补砌挤紧。

【案例11】

项目部填充墙施工记录中留存有包含施工放线、墙体砌筑、构造柱施工、卫生间坎台施工等工序内容的图像资料,详见图2-1～图2-4。

图2-1

图2-2

图2-3

图2-4

【问题】分别写出填充墙施工记录图2-1～图2-4的工序内容,并写出4张图片的施工顺序(如1—2—3—4)。

参考答案

(1)图2-1:施工放线;图2-2:构造柱施工;图2-3:墙体砌筑;图2-4:卫生间坎台施工。

(2)施工顺序:1—4—3—2。

【案例12】

维修车间屋面梁设计为高强度螺栓摩擦连接。专业监理工程师在巡检时发现,施工人员正在用钢丝刷人工除锈法处理摩擦面,当螺栓不能自由穿入时,工人现场用气割扩孔,扩孔后部分孔径达到设计螺栓直径的1.35倍。

【问题】指出错误做法，并说明理由。高强度螺栓连接摩擦面的处理方法还有哪些？

参考答案

（1）错误1：工人现场用气割扩孔。

理由：当螺栓不能自由穿入时，可采用铰刀或锉刀修整螺栓孔，不得气割扩孔。

错误2：扩孔后部分孔径达到设计螺栓直径的1.35倍。

理由：扩孔数量应征得设计单位同意，扩孔后的孔径不应超过1.2倍螺栓直径。

（2）还包括喷砂（丸）法、酸洗法、砂轮打磨法。

【案例13】

项目部考虑了施工、质量控制和专业验收等实际情况，按施工段划分了检验批。浆料从上口灌注，在压力作用下从下口流出，并且项目部及时对留出浆料的部位进行封堵。同时，项目部制作了一组150mm×150mm×150mm的立方体试件，以验证28d后的浆料抗压强度。此时，总监理工程师在巡查时发现，灌浆工作没有按方案进行操作，对现场监理提出了批评，并给施工单位下发了停工令。

【问题】指出该检验批灌浆过程中的不妥之处，并说明正确做法。

参考答案

不妥之处1：浆料从上口灌注，在压力作用下从下口流出。

正确做法：浆料应从下口灌注，当浆料从上口流出时应及时封堵。

不妥之处2：制作150mm×150mm×150mm的立方体试件。

正确做法：应制作40mm×40mm×160mm的长方体试件。

【案例14】

项目部对地下室M5水泥砂浆防水层施工提出了技术要求：采用普通硅酸盐水泥、自来水、中砂、防水剂等材料拌合，中砂含泥量不得大于3%；防水层施工前应采用强度等级M5的普通砂浆将基层表面的孔洞、缝隙堵塞抹平；防水层施工要求一遍成活，涂抹时应压实，表面应提浆压光，并及时进行保湿养护7d。

【问题】指出项目部对地下室水泥砂浆防水层施工技术要求的不妥之处，并分别说明理由。

参考答案

不妥之处1：中砂含泥量不得大于3%。

理由：砂宜采用中砂，含泥量不应大于1%。

不妥之处2：基层表面孔洞、缝隙用普通砂浆抹平。

理由：基层表面的孔洞、缝隙，应采用与防水层相同的防水砂浆堵塞并抹平。

不妥之处3：水泥砂浆防水层施工要求一遍成活。

理由：水泥砂浆防水层应分层铺抹或喷涂。

不妥之处4：施工完成后立即进行保湿养护，养护时间为7d。

理由：水泥砂浆终凝后应及时进行养护，养护时间不得少于14d。

【案例15】

屋面防水层选用2mm厚的改性沥青防水卷材，铺贴顺序和方向按照平行于屋脊、上下层不得相互垂直等要求，采用热粘法施工。

【问题】屋面防水卷材的铺贴方法还有哪些？屋面卷材防水的铺贴顺序和方向要求还有哪些？

参考答案

（1）铺贴方法还有冷粘法、热熔法、自粘法、焊接法、机械固定法等。

（2）铺贴顺序和方向要求还有：①应先进行细部构造处理，然后由屋面最低标高向上铺贴。②檐沟、天沟卷材施工时，宜顺檐沟、天沟方向铺贴，搭接缝应顺流水方向。

专题三 法规与标准

导图框架

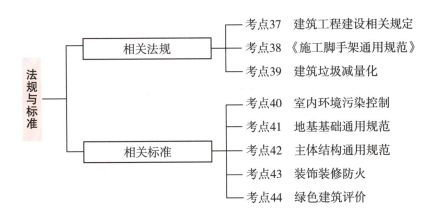

专题雷达图

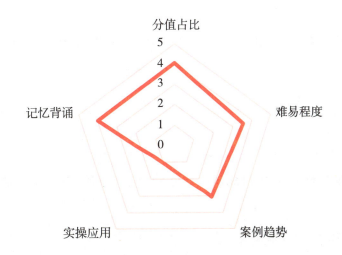

分值占比：选择题、案例题均有考查，历年平均分值在20分左右。

难易程度：本专题为各专题内容的补充，可在其他各专题的学习基础上进行学习。

案例趋势：会结合组织、质量等内容考查案例题。

实操应用：很少。

记忆背诵：会涉及一些背诵，比如室内环境污染的相关数据。

考点练习

考点37 建筑工程建设相关规定 ★

1.建设工程应当自领取施工许可证之日起（　　）个月内开工。
A.1　　　　　　B.2　　　　　　C.3　　　　　　D.6
【答案】C
【解析】建设单位应当自领取施工许可证之日起3个月内开工。

2.某建设单位领取施工许可证后因故4个月未能开工，且未申请延期，该施工许可证（　　）。
A.自行废止　　　B.重新检验　　　C.继续有效　　　D.自动延期
【答案】A
【解析】建设单位应当自领取施工许可证之日起3个月内开工。因故不能按期开工的，应当在期满前向发证机关申请延期；延期以2次为限，每次不超过3个月。既不开工又不申请延期或者超过延期次数、时限的，施工许可证自行废止。

考点38 《施工脚手架通用规范》★

1.根据《施工脚手架通用规范》（GB 55023—2013），脚手架杆件和构配件强度应按（　　）计算。
A.斜截面
B.毛截面
C.1/2截面
D.净截面
【答案】D
【解析】脚手架杆件和构配件强度应按净截面计算；杆件和构配件稳定性、变形应按毛截面计算。

2.根据《施工脚手架通用规范》（GB 55023—2022），关于作业脚手架设置连墙件的要求，说法正确的有（　　）。
A.连墙件竖向间距不应小于建筑物层高
B.连墙点的水平间距不得超过2跨
C.连墙点之上架体的悬臂高度不应超过2步
D.在架体的转角处、开口型作业脚手架端部应增设连墙件
E.连墙件应采用能承受压力和拉力的刚性构件
【答案】CDE
【解析】A选项错误，连墙件竖向间距不得超过3步。B选项错误，连墙点的水平间距不得超过3跨。

考点39　建筑垃圾减量化★

1.2025年年底，装配式建筑施工现场建筑垃圾（不包括工程渣土、工程泥浆）排放量每万平方米不高于（　　）t。

A.300　　　　　　　　B.250　　　　　　　　C.200　　　　　　　　D.150

【答案】C

【解析】2025年年底，实现新建建筑施工现场建筑垃圾（不包括工程渣土、工程泥浆）排放量每万平方米不高于300t，装配式建筑施工现场建筑垃圾（不包括工程渣土、工程泥浆）排放量每万平方米不高于200t。

2.施工现场建筑垃圾的源头减量应通过（　　）等措施，减少建筑垃圾的产生。

A.永临结合　　　　　　　　　　　　B.施工图纸深化

C.周转材料重复利用　　　　　　　　D.临时设施一次性利用

E.施工方案优化

【答案】ABCE

【解析】施工现场建筑垃圾的源头减量应通过施工图纸深化、施工方案优化、永临结合、临时设施和周转材料重复利用、施工过程管控等措施，减少建筑垃圾的产生。

考点40　室内环境污染控制★★★

1.民用建筑验收必须进行室内环境污染物浓度检测，验收应在工程完工至少（　　）以后、工程交付使用前进行。

A.7d　　　　　　　　B.14d　　　　　　　　C.28d　　　　　　　　D.56d

【答案】A

【解析】民用建筑验收必须进行室内环境污染物浓度检测，验收应在工程完工至少7d以后、工程交付使用前进行。

2.根据控制室内环境的不同要求，属于Ⅰ类民用建筑工程的有（　　）。

A.餐厅　　　　　　　　　　　　　B.医院病房

C.文化娱乐场所　　　　　　　　　D.学校教室

E.旅馆

【答案】BD

【解析】Ⅰ类民用建筑工程：住宅、居住功能公寓、医院病房、老年人照料房屋设施、幼儿园、学校教室、学生宿舍等。

考点41　地基基础通用规范★

1.根据《建筑与市政地基基础通用规范》（GB 55003—2021），工程桩应进行（　　）检验。

A.桩身质量
B.承载力
C.桩位
D.孔隙水压力
E.邻桩桩顶标高

【答案】AB

【解析】《建筑与市政地基基础通用规范》（GB 55003—2021）规定，工程桩应进行承载力与桩身质量检验。

2.根据《建筑与市政地基基础通用规范》（GB 55003—2021），关于基础施工应符合规定的说法，正确的有（　　）。

A.钢筋安装应采用定位件固定钢筋的位置
B.筏形基础施工缝和后浇带应采取钢筋防锈或阻锈保护措施
C.定位件应具有足够的承载力、强度和稳定性
D.基础模板及支架应具有足够的承载力和刚度，并应保证其整体稳固性
E.基础大体积混凝土施工，应对混凝土进行温度控制

【答案】ABDE

【解析】基础施工应符合下列规定：①基础模板及支架应具有足够的承载力和刚度，并应保证其整体稳固性。②钢筋安装应采用定位件固定钢筋的位置，且定位件应具有足够的承载力、刚度和稳定性。③筏形基础施工缝和后浇带应采取钢筋防锈或阻锈保护措施。④基础大体积混凝土施工，应对混凝土进行温度控制。

考点42　主体结构通用规范★★

1.砌体结构施工质量控制等级的划分要素有（　　）。

A.现场质量管理水平
B.砌体结构施工环境
C.砂浆和混凝土质量控制
D.砂浆拌合工艺
E.砌筑工人技术等级

【答案】ACDE

【解析】砌体结构施工质量控制等级应根据现场质量管理水平、砂浆和混凝土质量控制、砂浆拌合工艺、砌筑工人技术等级四个要素从高到低分为A、B、C三级。设计工作年限为50年及以上的砌体结构工程，应为A级或B级。

2.混凝土预制构件钢筋套筒灌浆连接的灌浆料强度的试件的要求有（　　）。

A.每个工作班应制作1组
B.边长70.7mm的立方体
C.每层不少于3组
D.40mm×40mm×160mm的长方体

E.同条件养护28d

【答案】ACD

【解析】钢筋套筒灌浆连接及浆锚搭接连接的灌浆料强度应符合标准的规定和设计要求。每工作班应制作1组且每层不应少于3组40mm×40mm×160mm的长方体试件，标养28d后进行抗压强度试验。

考点43　装饰装修防火 ★

1.燃烧性能等级为B_1级的装修材料其燃烧性为（　　）。

A.不燃　　　　B.难燃　　　　C.可燃　　　　D.易燃

【答案】B

【解析】装饰材料燃烧性能划分为：A—不燃性；B_1—难燃性；B_2—可燃性；B_3—易燃性。

2.建筑外墙采用内保温时，疏散楼梯前室的保温材料燃烧性能等级应是（　　）。

A.B_3级　　　　　　　　　　　B.B_2级

C.B_1级　　　　　　　　　　　D.A级

【答案】D

【解析】建筑外墙采用内保温系统时，保温系统应符合：对于人员密集场所，用火、燃油、燃气等具有火灾危险性的场所以及各类建筑内的疏散楼梯间、避难走道、避难间、避难层等部位，应采用燃烧性能为A级的保温材料。

考点44　绿色建筑评价 ★★★

1.关于绿色建筑星级等级划分的说法，错误的是（　　）。

A.绿色建筑分为基本级、一星级、二星级、三星级4个等级

B.绿色建筑所有等级均应满足全部控制项的要求

C.一星级绿色建筑总分应达到85分

D.二星级绿色建筑总分应达到70分

【答案】C

【解析】C选项错误，一星级绿色建筑总分应达到60分，二星级绿色建筑总分应达到70分，三星级绿色建筑总分应达到85分。

2.关于绿色建筑评价标准的说法，正确的有（　　）。

A.绿色建筑的评价以建筑群为对象，通常情况下，不对单栋建筑实施评价

B.绿色建筑评价应在建设工程竣工后进行

C.在建筑工程施工图完成后，可进行预评价

D.绿色建筑共划分为4个等级

E.绿色建筑评价指标体系由安全耐久、生活便利、健康舒适、环境宜居、资源节约5类指标组成

【答案】BCDE

【解析】A选项错误，绿色建筑的评价应以单栋建筑或建筑群为评价对象。绿色建筑评价应在建设工程竣工后进行。在建筑工程施工图完成后，可进行预评价。绿色建筑划分应为基本级、一星级、二星级、三星级4个等级。

专题练习

【案例1】

某施工单位在中标某高档办公楼工程后，与建设单位按照《建设工程施工合同（示范文本）》（GF—2017—0201）签订了施工总承包合同。合同中约定，总承包单位将装饰装修、幕墙等分部分项工程进行专业分包。竣工验收通过后，总承包单位、专业分包单位分别将各自施工范围的工程资料移交到项目监理机构。项目监理机构整理后将施工资料与工程监理资料一并向当地城建档案管理部门移交，被城建档案管理部门以资料移交程序错误为由，予以拒绝。

【问题】分别指出总承包单位、专业分包单位、监理单位的工程资料正确的移交程序。

参考答案

正确移交程序如下：

①专业分包单位将工程资料移交到总包单位。

②总承包单位将工程资料（含专业分包单位的资料）移交到建设单位。

③监理机构将整理后的工程监理资料移交给建设单位。

④工程资料由建设单位移交给当地城建档案管理部门。

【案例2】

监理工程师在检查第4层外墙板安装质量时发现：钢筋套筒连接灌浆满足规范要求；现场留置了3组边长为70.7mm的立方体灌浆料标准养护试件，1组边长为70.7mm的立方体坐浆料标准养护试件；施工单位选取第4层外墙板竖缝两侧11m²的部位在现场进行淋水试验。对此，该监理工程师要求整改。

【问题】指出第4层外墙板施工中的不妥之处，并写出正确做法。装配式混凝土构件钢筋套筒连接灌浆的质量要求有哪些？

参考答案

（1）不妥之处1：留置了3组边长为70.7mm的立方体灌浆料标准养护试件。

正确做法：应当留置40mm×40mm×160mm的试块。

不妥之处2：留置了1组边长为70.7mm的立方体坐浆料标准养护试件。

正确做法：至少留置3组试块。

不妥之处3：施工单位选取第4层外墙板竖缝两侧11m²的部位在现场进行淋水试验。

正确做法：抽查部位应为相邻两层4块墙板形成的水平和竖向十字接缝区域，面积不得少于10m²，进行现场淋水试验。

（2）质量要求：饱满、密实、所有出口均应出浆。

【案例3】

某办公楼工程,地下2层,地上16层,建筑面积45000m²,标准间面积为200m²。施工单位中标后进场施工。工程验收时,施工单位对室内环境污染物浓度进行检测,其中甲醛浓度含量如表3-1所示。

表3-1 甲醛浓度含量

监测点	1	2	3	4	5
浓度检测值（mg/m³）	0.10	0.11	0.10	0.09	0.11

【问题】标准间室内环境污染物应至少检测几个点？表中检测房间的甲醛浓度是否合格？民用建筑室内环境污染物检测点的布置有哪些具体的要求？

参考答案

（1）至少检测3个点。

（2）不合格。

（3）民用建筑工程验收时，室内环境污染物浓度现场检测点应距房间地面高度0.8～1.5m，距房间内墙面不应小于0.5m。检测点应均匀分布，且应避开通风道和通风口。

当房间内有2个及以上检测点时，应采用对角线、斜线、梅花状均衡布点，并取各点检测结果的平均值作为该房间的检测值。

【提示】办公楼属于Ⅱ类民用建筑，甲醛浓度限量应≤0.08mg/m³；

浓度平均值=（0.10+0.11+0.10+0.09+0.11）÷5=0.102（mg/m³）>0.08mg/m³，因此不合格。

【案例4】

工程竣工后,根据合同的要求,相关部门对该工程进行绿色建筑评价,评价指标中"生活便利"分值低。施工单位将评分项"出行无障碍"等4项指标进行了逐一分析,以便得到改善。评价分值如表3-2所示。

表3-2 某办公楼工程绿色建筑评价分值

分值	控制项基本分值 Q_0	评价指标及分值					提高与创新加分 Q_7
		安全耐久 Q_1	健康舒适 Q_2	生活便利 Q_3	资源节约 Q_4	环境宜居 Q_5	
评价分值	400	90	80	75	80	80	120

【问题】列式计算该工程绿色建筑的总得分Q。该建筑属于哪个等级?绿色建筑还有哪些等级?生活便利评分还有什么指标?

参考答案

(1)总得分Q=(400+90+80+75+80+80+100)÷10=90.5(分)。

(2)该建筑属于三星级。

(3)还有基本级、一星级、二星级。

(4)生活便利评分还有服务设施、智慧运行、物业管理指标。

【提示】当提高与创新加分项>100分时,取100分。

专题四 现场与组织

导图框架

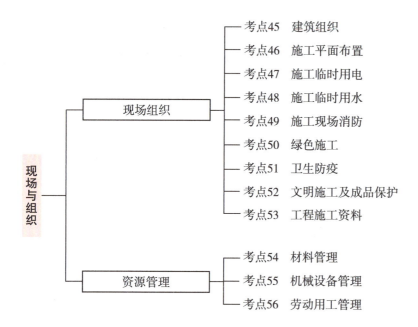

专题雷达图

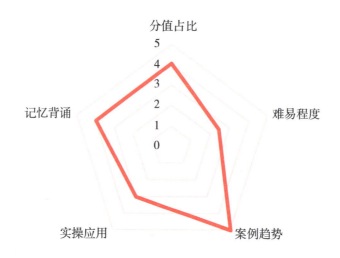

分值占比：案例题考查内容之一，选择题也会考到，历年平均分值在20分左右。

难易程度：常规考点难度不大，但不排除考试中会考查实操题和超范围题。

案例趋势：案例必考专题，主要考查问答题、纠错题等，一般出现在案例一或案例五。

实操应用：个别年份会有实操考题，比如考查现场平面的布置等。

记忆背诵：涉及问答题，个别还会涉及法律法规等内容，需要背诵。

考点练习

考点45　建筑组织★

1.根据《建筑业企业资质管理规定》（住房和城乡建设部令第22号），建筑业企业资质分为（　　）。

A.施工行业资质　　　　　　　　　　B.施工专项资质

C.施工总承包资质　　　　　　　　　D.专业承包资质

E.施工劳务资质

【答案】CDE

【解析】《建筑业企业资质管理规定》（住房和城乡建设部令第22号）规定，建筑业企业资质分为施工总承包资质、专业承包资质、施工劳务资质三个序列。

2.根据《建筑业企业资质管理规定》（住房和城乡建设部令第22号），关于施工企业的资质等级的说法，正确的有（　　）。

A.施工总承包资质分为特级、一级、二级、三级

B.专业承包资质分为一级、二级

C.施工劳务资质分为一级、二级

D.施工劳务资质不分类别与等级

E.施工总承包资质按照工程性质和技术特点分别划分为若干资质类别

【答案】ADE

【解析】《建筑业企业资质管理规定》（住房和城乡建设部令第22号）规定：①施工总承包资质按照工程性质和技术特点分别划分为若干资质类别，如房屋建筑、公路、水运、水利、铁路、民航、通信等工程。②施工总承包资质分为特级、一级、二级、三级。③专业承包资质分为一级、二级、三级。④施工劳务资质不分类别与等级。

3.根据《建筑业企业资质管理规定》（住房和城乡建设部令第22号），建筑工程施工总承包一级资质可承担单项合同额（　　）万元以上的高度200m以下的工业、民用建筑工程。

A.2500　　　　　　B.3000　　　　　　C.3500　　　　　　D.5000

【答案】B

【解析】《建筑业企业资质管理规定》(住房和城乡建设部令第22号)规定,建筑工程施工总承包一级资质可承担单项合同额3000万元以上的下列建筑工程的施工:①高度200m以下的工业、民用建筑工程。②高度240m以下的构筑物工程。

4.根据《危险性较大的分部分项工程安全管理规定》(住房和城乡建设部令第37号),施工单位应当在施工现场显著位置公告危大工程(　　),并在危险区域设置安全警示标志。

A.施工时间　　　　　　　　　　　　B.名称

C.工艺流程　　　　　　　　　　　　D.施工图纸

E.具体责任人员

【答案】ABE

【解析】《危险性较大的分部分项工程安全管理规定》(住房和城乡建设部令第37号)规定,施工单位应当在施工现场显著位置公告危大工程名称、施工时间和具体责任人员,并在危险区域设置安全警示标志。

考点46　施工平面布置★★★

1.针对市区主要路段的施工现场,其围挡高度至少应为(　　)。

A.1.5m　　　　　B.1.8m　　　　　C.2.0m　　　　　D.2.5m

【答案】D

【解析】市区主要路段围挡高度≥2.5m;一般路段围挡高度≥1.8m。

2.施工现场的主要道路及材料加工地面硬化处理的方法不包括(　　)。

A.铺设混凝土　　　B.铺设钢板　　　C.铺设碎石　　　D.铺设灰土

【答案】D

【解析】施工现场的主要道路及材料加工地面应进行硬化处理,如铺设混凝土、钢板、碎石等。

3.下列属于施工总平面图的设计原则的有(　　)。

A.平面布置科学合理,施工场地占用面积少　　B.尽量减少使用原有设施保证安全

C.减少二次搬运　　　　　　　　　　　　　　D.生产区、办公区应合在一起

E.符合节能、环保、安全和消防等要求

【答案】ACE

【解析】设计原则:①平面布置科学合理,施工场地占用面积少。②合理组织运输,减少二次搬运。③施工区域的划分和场地的临时占用应符合总体施工部署和施工流程的要求,减少相互干扰。④充分利用既有建筑物和既有设施为项目施工服务,降低临时设施的建造费用。⑤临时设施应方便生产和生活,办公区、生活区、生产区应分区域设置。⑥符合节能、环保、安全和消防等要求。⑦遵守当地主管部门和建设单位关于施工现场安全文明施工的相关规定。

考点47　施工临时用电 ★★★

1.关于施工现场临时用电管理的说法，正确的是（　　）。

A.现场电工必须经过国家现行标准考核合格后，持证上岗

B.用电设备拆除时，可由安全员完成

C.用电设备总容量在50kW及以上的，应制定用电防火措施

D.装饰装修阶段用电参照用电组织设计执行

【答案】A

【解析】B选项错误，用电设备拆除时，必须由电工完成。C选项错误，用电设备总容量在50kW及以上的，应编制用电组织设计。D选项错误，装饰装修阶段用电，应补充编制单项施工用电方案。

2.下列施工场所中，照明电压不得超过12V的是（　　）。

A.有导电灰尘场所　　B.潮湿场所　　C.金属容器内　　D.人防工程

【答案】C

【解析】特别潮湿场所、导电良好的地面、锅炉或金属容器内的照明，电源电压≤12V。

3.施工现场五芯电缆中用作N线的标识色是（　　）。

A.绿色　　B.红色　　C.淡蓝色　　D.黄绿色

【答案】C

【解析】五芯电缆必须包含淡蓝、绿/黄两种颜色绝缘芯线。淡蓝色芯线必须用作N线；绿/黄双色芯线必须用作PE线，严禁混用。

4.施工现场临时配电系统中，保护零线（PE）的配线颜色应为（　　）。

A.黄色　　B.绿色　　C.绿/黄双色　　D.淡蓝色

【答案】C

【解析】五芯电缆必须包含淡蓝、绿/黄两种颜色绝缘芯线。淡蓝色芯线必须用作N线；绿/黄双色芯线必须用作PE线，严禁混用。

5.关于施工现场配电系统设置的说法，正确的有（　　）。

A.配电系统应采用配电柜或总配电箱、分配电箱、开关箱三级配电方式

B.分配电箱与开关箱的距离不得超过30m

C.开关箱与其控制的固定式用电设备的水平距离不宜超过3m

D.同一个开关箱最多只可以直接控制2台用电设备

E.固定式配电箱的中心点与地面的垂直距离应为0.8～1.6m

【答案】ABC

【解析】D选项错误，每台用电设备必须有各自专用的开关箱，严禁用同一个开关箱直接控制2台及2台以上用电设备（含插座）。E选项错误，配电箱、开关箱应装设端正、牢固。固定式配电箱、开关箱的中心

点与地面的垂直距离应为1.4~1.6m。移动式配电箱、开关箱应装设在坚固、稳定的支架上。其中心点与地面的垂直距离宜为0.8~1.6m。

6.施工现场临时用电设备在5台及以上或设备总容量在50kW及以上的，应编制（　　）。

A.用电组织设计　　　　　　　　　　B.安全用电措施

C.电气防火措施　　　　　　　　　　D.专项施工方案

【答案】A

【解析】施工现场临时用电设备在5台及以上或设备总容量在50kW及以上的，应编制用电组织设计；否则应制定安全用电和电气防火措施。

考点48　施工临时用水★★

1.消防用水量最小为（　　）L/s。

A.6　　　　　　　B.8　　　　　　　C.10　　　　　　　D.12

【答案】C

【解析】消防用水量（q_5）：最小为10L/s。

2.施工现场计算临时总用水量应包括（　　）。

A.施工用水量　　　　　　　　　　　B.消防用水量

C.施工机械用水量　　　　　　　　　D.商品混凝土拌合用水量

E.临时管道水量损失量

【答案】ABCE

【解析】临时用水量包括：现场施工用水量、施工机械用水量、施工现场生活用水量、生活区生活用水量、消防用水量。同时应考虑使用过程中水量的损失。商品混凝土是在商品混凝土站（施工现场外）购买的，混凝土拌合用水不属于施工现场临时用水。

3.下列关于供水设施的说法中，错误的有（　　）。

A.管线穿路处均要套以铁管，并埋入地下0.5m

B.消火栓距拟建房屋不应小于5m且不宜大于25m

C.临时室外消防给水干管的直径不应小于DN75

D.消火栓距路边不宜大于2m

E.消防水源进水口不应少于1处

【答案】ACE

【解析】A选项错误，管线穿路处均要套以铁管，并埋入地下0.6m处，以防重压。C选项错误，临时室外消防给水干管的直径不应小于DN100。E选项错误，消防水源进水口不应少于2处。

考点49　施工现场消防 ★★

1.关于施工现场消防管理的说法，正确的有（　　）。

A.动火证当日有效　　　　　　　　　　B.施工现场严禁吸烟

C.应配备义务消防人员　　　　　　　　D.易燃材料仓库应设在上风方向

E.油漆料库内应设置调料间

【答案】ABC

【解析】A选项正确，动火证当日有效并按规定开具，动火地点变换，要重新办理动火证手续。B选项正确，施工现场严禁吸烟。C选项正确，建立义务消防队，人数不少于施工总人数的10%。D选项错误，易燃材料仓库应设在水源充足、消防车能驶到的地方，并应设在下风方向。E选项错误，油漆料库与调料间应分开设置，且应与散发火星的场所保持一定的防火间距。

2.关于手提式灭火器的放置，说法正确的有（　　）。

A.放在托架上　　　　　　　　　　　　B.放置地点有温度限制

C.使用挂钩悬挂　　　　　　　　　　　D.可放置在潮湿地面上

E.可放置在室内干燥的地方上

【答案】ABCE

【解析】D选项错误，手提式灭火器应使用挂钩悬挂，或摆放在托架上、消防箱内，不可放置在潮湿地面上，其顶部离地面高度应小于1.5m，底部离地面高度宜大于0.15m。手提式灭火器也可直接放在室内干燥的地面上，但不得摆放在超出其使用温度范围以外的地点。

3.关于施工现场消防器材的配备，说法正确的有（　　）。

A.临时搭设的建筑物区域内100m^2配备2只10L灭火器

B.应有足够的消防水源，其进水口至少1处

C.65m^2的临时木料间、油漆间等，配备2只灭火器

D.大型临时设施总面积超过1200m^2应配有消防用的积水桶、黄沙池等

E.油库、危险品库应配备数量与种类匹配的灭火器、高压水泵

【答案】ADE

【解析】B选项错误，现场应有足够的消防水源，其进水口一般不应少于2处。C选项错误，临时木料间、油漆间、木工机具间等，每25m^2配备1只灭火器。

4.施工现场负责审查批准一级动火作业的是（　　）。

A.项目负责人　　　　　　　　　　　　B.项目生产负责人

C.项目安全管理部门　　　　　　　　　D.企业安全管理部门

【答案】D

【解析】一级动火作业由项目负责人组织编制防火安全技术方案，填写动火申请表，报企业安全管理部

门审查批准后，方可动火。

5.下列动火作业中，属于三级动火的是（　　）。

A.焊接工地围挡　　B.地下室内焊接管道　　C.作业层钢筋焊接　　D.木工棚附近切割作业

【答案】A

【解析】B、D选项属于一级动火，C选项属于二级动火。

6.在现场施工，属于一级动火作业的是（　　）。

A.小型油箱　　　　　　　　　　　　B.比较密封的地下室

C.登高电焊　　　　　　　　　　　　D.无明显危险因素的露天场所

【答案】B

【解析】A、C选项属于二级动火，D选项属于三级动火。

7.下列场所动火作业中，属于二级动火作业的是（　　）。

A.禁火区域内　　　　　　　　　　　B.各种受压设备

C.堆有大量可燃物质的场所　　　　　D.登高焊、割等用火作业

【答案】D

【解析】凡属下列情况之一的动火，均为二级动火：①在具有一定危险因素的非禁火区域内进行临时焊、割等用火作业。②小型油箱等容器。③登高焊、割等用火作业。

考点50　绿色施工★★★

1.施工现场污水排放需申领《临时排水许可证》，当地政府发证的主管部门是（　　）。

A.环境保护管理部门　　　　　　　　B.环境管理部门

C.安全生产监督管理部门　　　　　　D.市政管理部门

【答案】D

【解析】施工现场污水排放要与所在地县级以上人民政府市政管理部门签署污水排放许可协议，申领《临时排水许可证》。

2.下列施工方法中，属于节材技术要点的有（　　）。

A.使用商品混凝土　　　　　　　　　B.采用人造板材模板

C.降低机械的满载率　　　　　　　　D.面砖施工前进行总体排版策划

E.采用专业加工配送的钢筋

【答案】ABDE

【解析】推广使用商品混凝土和预拌砂浆、高强钢筋和高性能混凝土，减少资源消耗；推广钢筋专业化加工和配送，优化钢结构制作和安装方案；装饰贴面类材料在施工前，应进行总体排版策划，减少资源损耗；采用非木质的新材料或人造板材代替木质板材。

考点51　卫生防疫★★★

1.关于施工现场宿舍管理的说法，正确的有（　　）。
A.必须设置可开启式窗户　　　　　　　B.床铺不得超过3层
C.严禁使用通铺　　　　　　　　　　　D.每间居住人员不得超过16人
E.宿舍内通道宽度不得小于0.9m

【答案】ACDE

【解析】B选项错误，床铺不得超过2层。

2.建筑防水工程施工作业易发生的职业病是（　　）。
A.氮氧化物中毒　　　　　　　　　　　B.一氧化碳中毒
C.苯中毒　　　　　　　　　　　　　　D.二甲苯中毒

【答案】D

【解析】油漆作业、防水作业、防腐作业易发生甲苯中毒和二甲苯中毒。

3.混凝土振捣作业易发生的职业病有（　　）。
A.电光性眼炎　　　　　　　　　　　　B.一氧化碳中毒
C.噪声致聋　　　　　　　　　　　　　D.手臂振动病
E.苯致白血病

【答案】CD

【解析】①手臂振动病。例如：操作混凝土振动棒、风镐作业。②噪声致聋。例如：木工圆锯、平刨操作，无齿锯切割作业，卷扬机操作，混凝土振捣作业。

考点52　文明施工及成品保护★★

1.施工现场应当做到"文明施工六化"，它包括（　　）等。
A.生活区域清晰化　　　　　　　　　　B.安全设施规范化
C.工作生活秩序化　　　　　　　　　　D.生活设施整洁化
E.材料码放整齐化

【答案】BCDE

【解析】施工现场应当做到"文明施工六化"：围挡、大门、标牌标准化；材料码放整齐化；安全设施规范化；生活设施整洁化；职工行为文明化；工作生活秩序化。

2.工程竣工前成品保护措施主要有（　　）等措施。
A.封　　　　　　　　　　　　　　　　B.护
C.固　　　　　　　　　　　　　　　　D.盖

E.包

【答案】ABDE

【解析】工程竣工前成品保护措施主要有护、包、盖、封等措施。

考点53 工程施工资料★

1.工程资料可分为（　　）等5类。

A.工程准备阶段文件　　　　　　　　　　B.监理资料

C.施工资料　　　　　　　　　　　　　　D.竣工图和工程竣工文件

E.施工图及设计文件

【答案】ABCD

【解析】工程资料可分为工程准备阶段文件、监理资料、施工资料、竣工图和工程竣工文件5类。

2.以下施工资料无须单独组卷的是（　　）。

A.专业承包工程资料　　　　　　　　　　B.劳务分包的资料

C.不同型号电梯资料　　　　　　　　　　D.室外安装工程资料

【答案】B

【解析】施工资料组卷要求：①专业承包工程形成的施工资料应由专业承包单位负责，并应单独组卷。②电梯应按不同型号每台电梯单独组卷。③室外工程应按室外建筑环境、室外安装工程单独组卷。

考点54 材料管理★★

1.项目常用的材料计划包括（　　）。

A.单位工程主要材料需用计划　　　　　　B.主要材料年度需用计划

C.主要材料每天需用计划　　　　　　　　D.半成品加工订货计划

E.周转料具需用计划

【答案】ABDE

【解析】项目常用的材料计划有：单位工程主要材料需用计划、主要材料年度需用计划、主要材料月（季）度需用计划、半成品加工订货计划、周转料具需用计划、主要材料采购计划、临时追加计划等。

2.项目材料需用计划中最具体的计划是（　　）。

A.单位工程主要材料需用计划　　　　　　B.主要材料年度需用计划

C.主要材料月度需用计划　　　　　　　　D.半成品加工订货计划

【答案】C

【解析】主要材料月度需用计划是项目材料需用计划中最具体的计划，是制定采购计划和向供应商订货的依据。

3.最优采购批量，也称最优库存量，或称经济批量，是指（　　）和（　　）之和最低的采购批量。

A.采购费；损耗费　　　　　　　　　　B.采购费；储存费

C.包装费；损耗费　　　　　　　　　　D.包装费；储存费

【答案】B

【解析】最优采购批量，也称最优库存量，或称经济批量，是指采购费和储存费之和最低的采购批量。

4.（　　）材料占用资金比重大，是重点管理的材料。

A.A类　　　　　B.B类　　　　　C.C类　　　　　D.D类

【答案】A

【解析】A类材料占用资金比重大，是重点管理的材料，要按品种计算经济库存量和安全库存量，并对库存量随时进行严格盘点，以便采取相应措施。对B类材料，可按大类控制其库存；对C类材料，可采用简化的方法管理，如定期检查库存，组织在一起订货运输等。

考点55　机械设备管理★★★

1.机械设备使用的成本费用中，可变费用包括（　　）。

A.燃料动力费　　　　　　　　　　　　B.小修理费

C.大修理费　　　　　　　　　　　　　D.折旧费

E.机械管理费

【答案】AB

【解析】机械设备使用的成本费用分为可变费用和固定费用两大类。可变费用又称操作费，它随着机械的工作时间变化，如操作人员的工资、燃料动力费、小修理费、直接材料费等。固定费用是按一定施工期限分摊的费用，如折旧费、大修理费、机械管理费、投资应付利息、固定资产占用费等，租赁机械的固定费用是要按期交纳的租金。

2.项目机械设备的使用管理制度中，"三定"制度是指（　　）。

A.定人、定时间、定岗位责任　　　　　B.定人、定时间、定地点

C.定人、定机、定地点　　　　　　　　D.定人、定机、定岗位责任

【答案】D

【解析】项目机械设备的"三定"制度：主要机械在使用中实行定人、定机、定岗位责任的制度。

考点56　劳动用工管理★★★

1.因总承包企业转包、挂靠、违法分包工程导致出现拖欠劳务工资的，由（　　）承担全部责任，并先

行支付劳务工资。

A.建设单位　　　　　　　　　　B.总承包企业

C.分包单位　　　　　　　　　　D.包工头

【答案】B

【解析】因总承包企业转包、挂靠、违法分包工程导致出现拖欠劳务工资的，由总承包企业承担全部责任，并先行支付劳务工资。

2.劳务作业分包管理中，对劳务分包公司的资格预审内容包括（　　）。

A.企业性质　　　　　　　　　　B.资质等级

C.社会信誉　　　　　　　　　　D.自有设备

E.垫资能力

【答案】ABC

【解析】资格预审内容：劳务分包单位的企业性质、资质等级、社会信誉、资金情况、劳动力资源情况、施工业绩、履约能力、管理水平等。

专题练习

【案例1】

一建筑施工场地，东西长110m，南北宽70m。拟建建筑物首层平面80m×40m，地下2层，地上6/20层，檐口高26/68m，建筑面积约48000m²。施工场地的部分临时设施平面布置示意图见图4-1。图中布置的施工临时设施有：现场办公室，木工加工及堆场，钢筋加工及堆场，油漆库房，塔吊，施工电梯，物料提升机，混凝土地泵，大门及围墙，车辆冲洗池（图中未显示的设施均视为符合要求）。

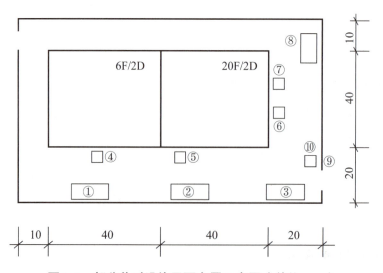

图4-1 部分临时设施平面布置示意图（单位：m）

【问题】写出图4-1中临时设施编号所处位置最宜布置临时设施的名称（如，⑨大门与围墙），简单说明布置理由。

答题区

参考答案

（1）①木工加工及堆场。②钢筋加工及堆场。③现场办公室。④物料提升机。⑤塔吊。⑥施工电梯。⑦混凝土地泵。⑧油漆库房。⑨大门与围墙。⑩车辆冲洗池。

（2）①木工加工及堆场尽量靠近使用地点，在塔吊作业范围内（应使材料和构件的运输量最小，垂直运输设备发挥较大的作用）。

②钢筋加工及堆场尽量靠近使用地点，在塔吊作业范围内（应使材料和构件的运输量最小，垂直运输设备发挥较大的作用）。

③办公用房应设置在出入口处。

④物料提升机安装高度不得大于25m。

⑤塔吊尽量覆盖整个建筑物，考虑材料加工、运输和堆放问题。

⑥施工电梯安装高度适合20层在建工程。

⑦混凝土地泵靠近建筑物，考虑行走方便、停靠方便、输送距离。

⑧油漆库房等危险品库房远离在建工程。

⑨此为出入口。

⑩车辆冲洗池应设置在出入口处。

【案例2】

项目经理部上报了施工组织设计，其中：施工总平面图设计要点包括了设置大门，布置塔吊、施工升降机，布置临时房屋、水、电和其他动力设施等。项目部在布置施工升降机时，考虑了导轨架的附墙位置和距离等现场条件和因素。公司技术部门在审核时指出施工总平面图的设计要点不全，且施工升降机的布置条件和因素考虑不足，要求补充完善。

【问题】施工总平面布置图的设计要点还有哪些？在布置施工升降机时，应考虑的条件因素还有哪些？

答题区

参考答案

（1）设计要点还包括布置仓库和堆场、布置加工厂、布置场内临时运输道路。

（2）布置施工升降机时还应考虑：地基承载力、地基平整度、周边排水、楼层平台通道、出入口防护门以及升降机周边的防护围栏等。

【案例3】

施工现场总平面布置设计中包含了如下主要内容：

①材料加工场地布置在场外。

②现场设置一个出入口，出入口处设置办公用房。

③在场地附近设置某宽3.8m的环形载重单车道主干道（兼消防车道），并进行硬化，转弯半径10m。

④在主干道一侧挖400mm×600mm管沟，将临时供电线缆、临时用水管线置于管沟内。

监理工程师认为总平面布置设计存在多处不妥，责令整改后再验收，并要求补充主干道的具体硬化方式和裸露场地文明施工的防护措施。

【问题】针对施工总平面布置设计的不妥之处，分别写出正确做法。施工现场主干道常用的硬化方式有哪些？

答题区

参考答案

（1）正确做法1：材料加工场地应布置在场内。

正确做法2：现场宜设置两个以上出入口。

正确做法3：主干道宽度单行道不小于4m，双行道宽度不小于6m，消防车道宽度不小于4m。

正确做法4：消防车道转弯半径不宜小于15m。

正确做法5：临时用电线路与临时用水管线分开设置。

（2）常用的硬化方式有：混凝土硬化、钢板、碎石。

【案例4】

某住宅工程由7栋单体组成，地下2层，地上10～13层，总建筑面积11.5万m^2。施工总承包单位中标后成立项目经理部组织施工。

项目总工程师编制了临时用电组织设计，其内容包括：总配电箱设在用电设备相对集中的区域；电缆直接埋地敷设穿过临建设施时，应设置警示标识进行保护；临时用电施工完成后，由编制部门和使用单位共同验收合格后方可使用；各类用电人员经考试合格后持证上岗工作；发现用电安全隐患，经电工排除后继续使用；维修临时用电设备由电工独立完成；临时用电定期检查按分部、分项工程进行。临时用电组织设计报企业技术部批准后，上报监理单位。监理工程师认为临时用电组织设计存在不妥之处，要求修改完善后再报。

【问题】针对临时用电组织设计中内容与管理存在的不妥之处写出正确做法。

参考答案

正确做法1：应由电气工程技术人员编制临时用电组织设计。

正确做法2：总配电箱应设在靠近进场电源的区域。

正确做法3：电缆直接埋地敷设穿过临建设施时，应套钢管保护。

正确做法4：临时用电施工完成后，须经编制、审核、批准部门和使用单位共同验收合格后方可使用。

正确做法5：对安全隐患必须及时处理，并应履行复查验收手续。

正确做法6：电工维修临时用电设备时，应有专人监护。

正确做法7：临时用电组织设计应经相关部门审核并经企业技术负责人批准。

【案例5】

为确保项目施工过程中全覆盖，进入夏季后，公司项目管理部对该项目工人宿舍和食堂进行了检查。个别宿舍内床铺均为2层，住有18人，设置有生活用品专用柜，窗户为封闭式窗户，人进入通道宽度为0.8m，食堂办理了卫生许可证，炊事人员均有健康证，上岗符合个人卫生相关规定。检查后项目管理部对工人宿舍的不足提出了整改要求，并限期达标。

【问题】指出工人宿舍管理的不妥之处并改正。在炊事员上岗期间，从个人卫生角度还有哪些具体的管理要求？

答题区

参考答案

（1）不妥之处1：个别宿舍住有18人。

正确做法：每间宿舍居住人员不得超过16人。

不妥之处2：窗户为封闭式窗户。

正确做法：现场宿舍必须设置可开启式窗户。

不妥之处3：通道宽度为0.8m。

正确做法：人进入通道宽度不得小于0.9m。

（2）上岗应穿戴洁净的工作服、工作帽和口罩，应保持个人卫生，不得穿工作服出食堂。

【案例6】

结构施工期间,项目有150人参与施工。项目部组建了10人的义务消防队,楼层内配备了消防立管和消防箱,消防箱内消防水龙带长度达20m;在临时搭建的95m²钢筋加工棚内,配备了2只10L的灭火器。

【问题】指出该案例中的不妥之处,并写出正确做法。

答题区

参考答案

不妥之处1:组建10人义务消防队。

正确做法:组建至少15人的义务消防队。

不妥之处2:消防水龙带长度达20m。

正确做法:消防水龙带长度不小于25m。

【提示】义务消防队人数不少于施工总人数的10%;临时搭设的建筑物区域内每100m²配备2只10L灭火器。

【案例7】

项目经理部按照优先选择单位工程量使用成本费用(包括可变费用和固定费用,如大修理费、小修理费等)较低的原则,施工塔吊供应渠道选择企业自有设备调配。

【问题】项目施工机械设备的供应渠道有哪些?机械设备使用成本费用中的固定费用有哪些?

答题区

参考答案

（1）供应渠道有：企业自有设备调配、市场租赁设备、专门购置机械设备、专业分包队伍自带设备。

（2）固定费用有：折旧费、大修理费、机械管理费、投资应付利息、固定资产占用费等。

【案例8】

工程某施工设备从以下三种型号中选择，设备每天使用时间均为8小时，如表4-1所示。

表4-1　三种型号设备相关信息

设备	固定费用（元/天）	可变费用（元/小时）	单位时间产量（m³/小时）
E	3200	560	120
F	3800	785	180
G	4200	795	220

【问题】用单位工程量成本比较法列式计算应选用哪种型号的设备[计算公式：$C=(R+F\times X)/Q\times X$]。除考虑经济性外，施工机械设备的选择原则还有哪些？

答题区

参考答案

（1）E设备：$C_E=(3200+560\times 8)\div(120\times 8)=8$（元/m³）。

F设备：$C_F=(3800+785\times 8)\div(180\times 8)=7$（元/m³）。

G设备：$C_G=(4200+795\times 8)\div(220\times 8)=6$（元/m³）。

综上，应选择G设备。

（2）施工机械设备选择原则还有适应性、高效性、稳定性、安全性。

【案例9】

施工单位为保证施工进度,针对编制的劳动力需用计划综合考虑了现有工作量、劳动力投入量、劳动效率、材料供应能力等因素,并进行了钢筋加工劳动力调整。施工单位在20天内完成了3000t钢筋加工制作任务,满足了施工进度要求。

【问题】如果每人每个工作日的劳动效率为5t,完成钢筋加工制作应投入的劳动力是多少人?编制劳动力需求计划时需要考虑的因素还有哪些?

参考答案

(1) 投入的劳动力=3000÷(20×5)=30(人)。

(2) 编制劳动力需求计划时需要考虑的因素还有:持续时间、班次、每班工作时间、设备能力的制约,以及与其他班组工作的协调。

专题五 进度与工期

导图框架

专题雷达图

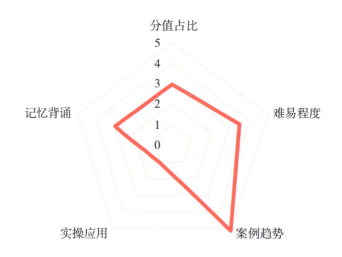

分值占比：案例题为考查内容之一，历年平均分值在15分左右。

难易程度：进度计算部分略有难度，通过练习后可较好掌握；索赔部分难度不大。

案例趋势：案例必考专题，一般在案例二；可结合索赔部分进行考查。

实操应用：很少。

记忆背诵：进度计划的编制等涉及一些背诵，其他更多的是理解与应用。

考点练习

考点57　流水施工方法★★★

1.下列参数中,属于流水施工参数的有(　　)。

A.技术参数　　　　　　　　　　　　B.空间参数

C.工艺参数　　　　　　　　　　　　D.设计参数

E.时间参数

【答案】BCE

【解析】流水施工参数:工艺参数、空间参数、时间参数。

2.下列流水施工参数中,不属于时间参数的是(　　)。

A.流水节拍　　　　　　　　　　　　B.流水步距

C.施工工期　　　　　　　　　　　　D.流水强度

【答案】D

【解析】时间参数包括流水节拍、流水步距、施工工期,工艺参数包括施工过程、流水强度。

3.某工程有3个施工过程,分3个施工段组织固定节拍流水施工,流水节拍为2天。则流水施工工期为(　　)天。

A.10　　　　　　　　　　　　　　　B.12

C.14　　　　　　　　　　　　　　　D.16

【答案】A

【解析】(3+3-1)×2=10(天)。

4.某分部工程有4个施工过程,分为3个施工段组织加快的成倍节拍流水施工,各施工过程流水节拍分别是4天、6天、4天、2天,则该分部工程的流水施工流水步距是(　　)天。

A.2　　　　　　　　　　　　　　　　B.4

C.20　　　　　　　　　　　　　　　 D.22

【答案】A

【解析】对于加快的成倍节拍流水施工,流水步距就是各施工过程流水节拍的最大公约数,即2天。

5.某工程组织非节奏流水施工,两个施工过程在4个施工段上的流水节拍分别为5天、8天、4天、4天和7天、2天、5天、3天,则该工程的流水施工工期是(　　)天。

A.16　　　　　B.21　　　　　C.25　　　　　D.28

【答案】C

【解析】利用大差法计算,工期T=8+17=25(天)。

6.某分部工程有3个施工过程,分为4个施工段组织加快的成倍节拍流水施工,各施工过程流水节拍分别是6天、6天、9天,则该分部工程的流水施工工期是(　　)天。

A.27　　　　　　　　　　　　　　B.30

C.39　　　　　　　　　　　　　　D.54

【答案】B

【解析】专业队数=6÷3+6÷3+9÷3=7(个)。工期=(施工段数+专业队数-1)×最大公约数+间隔-搭接=(4+7-1)×3=30(天)。

7.某工程有3个施工过程,分3个施工段组织固定节拍流水施工,流水节拍为2天。各施工过程之间存在2天的工艺间歇时间,则流水施工工期为(　　)天。

A.10　　　　　　　　　　　　　　B.12

C.14　　　　　　　　　　　　　　D.16

【答案】C

【解析】(3+3-1)×2+2+2=14(天),注意有2个2天的工艺间歇。

8.某施工单位将地上标准层划分为3个施工段组织流水施工,各个施工段上均包含3个施工工序,其流水节拍见表5-1。该工程的流水施工工期是(　　)周。

表5-1　流水节拍

流水节拍（周）	施工过程		
	工序1	工序2	工序3
施工段①	4	3	3
施工段②	3	4	6
施工段③	5	4	3

A.19　　　　　　　　　　　　　　B.20

C.21　　　　　　　　　　　　　　D.22

【答案】C

【解析】注意用大差法计算之前,要先观察表格的表头——横向是流水节拍,竖向是施工过程(工序)。因此,题目中的表格应该转换一下再计算。详见表5-2。

表5-2　流水节拍

施工过程	流水节拍（周）		
	施工段①	施工段②	施工段③
工序1	4	3	5
工序2	3	4	4
工序3	3	6	3

工期T=5+4+12=21(周)。

考点58　网络计划技术 ★★★

1.某工程双代号网络图如图5-1所示（单位：天），其中关键线路有（　　）条。

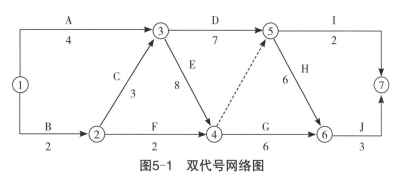

图5-1　双代号网络图

A.1　　　　　　B.2　　　　　　C.3　　　　　　D.4

【答案】B

【解析】关键线路包括：①→②→③→④→⑤→⑥→⑦、①→②→③→④→⑥→⑦。总工期为22天。

2.某双代号网络图如图5-2所示（单位：天），其计算工期是（　　）天。

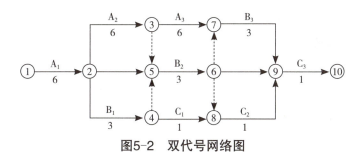

图5-2　双代号网络图

A.12　　　　　　B.14　　　　　　C.22　　　　　　D.17

【答案】C

【解析】6+6+6+3+1=22（天）。

3.某工程双代号时标网络图如图5-3所示，其中工作B的总时差和自由时差分别是（　　）周。

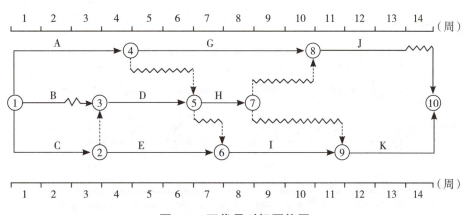

图5-3　双代号时标网络图

A.2、4　　　　　　B.4、1　　　　　　C.2、1　　　　　　D.4、4

【答案】C

【解析】工作B所在线路中工期最长的线路为①→③→⑤→⑥→⑨→⑩，TF_B=14-（2+3+4+3）=2（周）；FF_B=该工作箭线中波形线水平投影长度=1（周）。

考点59　施工进度计划编制★★

1.综合性强，关注控制性多、关注作业性少的进度计划是（　　）。

A.施工总进度计划　　　　　　　　　　B.单位工程进度计划

C.专项工程进度计划　　　　　　　　　D.分部分项工程进度计划

【答案】A

【解析】施工总进度计划综合性强，较多关注控制性，很少关注作业性。

2.（　　）是根据施工总进度计划表编制的保证计划，可包括劳动力、材料、预制构件和施工机械等资源的计划。

A.编制说明

B.施工总进度计划表（图）

C.分期（分批）实施工程的开、竣工日期及工期一览表

D.资源需要量及供应平衡表

【答案】D

【解析】资源需要量及供应平衡表是根据施工总进度计划表编制的保证计划，可包括劳动力、材料、预制构件和施工机械等资源的计划。

考点60　施工进度控制★★

1.某工程双代号时标网络计划执行到第5周和第11周时，检查其实际进度如图5-4前锋线所示。由图5-4可以得出的正确结论有（　　）。

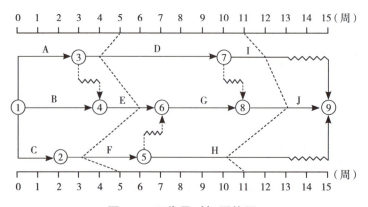

图5-4　双代号时标网络图

A.第5周检查时，工作D拖后1周，不影响总工期

B.第5周检查时，工作E提前1周，影响总工期

C.第5周检查时，工作F拖后2周，不影响总工期

D.第11周检查时，工作J提前2周，影响总工期

E.第11周检查时，工作H拖后1周，不影响总工期

【答案】ABDE

【解析】C选项错误，工作F总时差只有1周，拖后2周会影响工期。

2.某工程进度如图5-5所示，则工作H的自由时差为（　　）周。

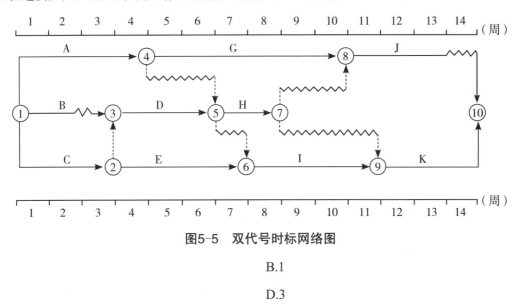

图5-5 双代号时标网络图

A.0　　　　　　　　　　　　　　B.1

C.2　　　　　　　　　　　　　　D.3

【答案】C

【解析】工作H没有波形线，但是有自由时差。工作H之后只紧接虚工作，则工作H箭线上一定不存在波形线，其紧接的虚箭线中波形线最短者为该工作的自由时差。

专题练习

【案例1】

项目经理部计划施工组织方式采用流水施工，根据劳动力储备和工程结构的特点来确定流水施工的工艺参数、时间参数和空间参数。如空间参数中的施工段、施工层划分等，合理配置了组织和资源，编制项目双代号网络计划。

【问题】工程施工组织的方式还有哪些？组织流水施工时，应考虑的工艺参数和时间参数分别包括哪些内容？

答题区

参考答案

（1）工程组织实施的方式还包括依次施工、平行施工。

（2）工艺参数：施工过程、流水强度。

时间参数：流水节拍、流水步距、施工工期。

【案例2】

某工程施工进度信息表如表5-3所示。

表5-3　某工程施工进度信息表

施工过程（工序）	流水节拍（d）			
	1#住宅	2#住宅	3#住宅	4#住宅
A	4	4	1	2
B	3	2	2	2
C	2	2	3	2

【问题】计算总工期，绘制横道图。

答题区

参考答案

$T=\sum K+T_n=5+3+T_c=17$（天）。施工进度表如表5-4所示。

表5-4 横道图表示的施工进度表

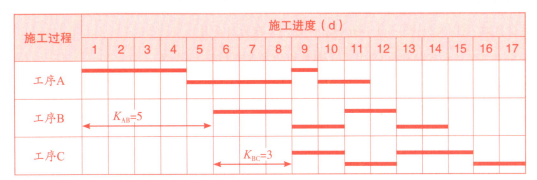

【案例3】

总承包项目部进场后,绘制了进度计划网络图(如图5-6所示)。项目部针对4个施工过程拟采用4个专业施工队组织流水施工,各施工过程的流水节拍见表5-5。建设单位要求缩短工期,项目部决定增加相应的专业施工队,组织成倍节拍流水施工。

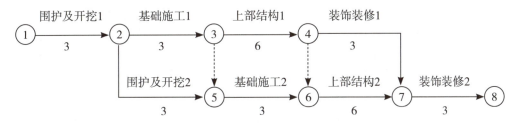

图5-6 项目进度计划网络图(单位:月)

表5-5 各施工过程的流水节拍

施工过程编号	施工过程	流水节拍(月)
1	围护及开挖	3
2	基础施工	
3	上部结构	
4	装饰装修	3

【问题】写出关键路线(采用节点方式表述如①→②)和总工期。写出表中基础施工和上部结构的流水节拍数。分别计算成倍节拍流水步距、专业施工队数和总工期。

答题区

参考答案

（1）关键线路：①→②→③→④→⑥→⑦→⑧。工期为21个月。

（2）基础施工的流水节拍数为3个月，上部结构的流水节拍数为6个月。

（3）成倍节拍流水步距 $K=(3, 3, 6, 3)_{最大公约数}=3$（个月）；

专业施工队数 $N=1+1+2+1=5$（队）；

因此，总工期 $T=(M+N-1)K=(2+5-1)×3=18$（个月）。

【提示】本题综合考查流水施工与网络计划。

【案例4】

在图5-7双代号时标网络计划中，工作B、D、I共用一台施工机械且必须顺序施工。

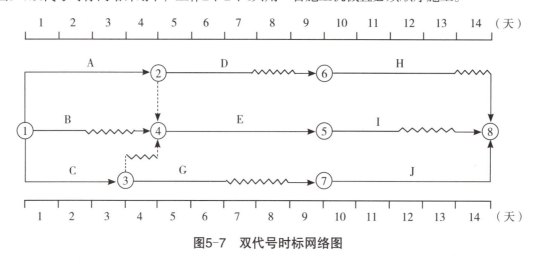

图5-7 双代号时标网络图

【问题】该施工机械在施工现场闲置多少天？

答题区

参考答案

2天。

【提示】应做到施工机械闲置最少,即工作B、D、I尽可能连续作业。由图5-7可知,工作B应尽可能晚开始作业,工作I应尽可能早开始作业。而工作D按最早开始时间作业的话,与工作I就有2天间歇;工作D按最迟开始时间作业的话,与工作B就有2天间歇。因此,该施工机械在施工现场闲置2天。

【案例5】

总承包项目部在工程施工准备阶段,根据合同要求编制了工程施工网络进度计划图(如图5-8所示)。在进度计划审查时,监理工程师发现在工作A和工作E中含有特殊施工技术,涉及知识产权保护,须由同一专业单位按先后顺序依次完成。项目部对原进度计划进行了调整,以满足工作A与工作E先后施工的逻辑关系。

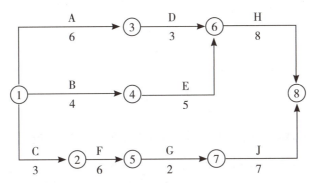

图5-8 施工网络进度计划图(单位:月)

【问题】画出调整后的工程网络计划图,并写出关键线路(以工作表示:如A→B→C)。调整后的总工期是多少个月?

参考答案

(1) 调整后的工程网络计划图如图5-9所示:

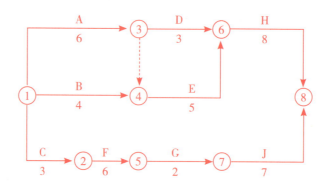

图5-9 调整后的工程网络计划图(单位:月)

(2) 关键线路:A→E→H。

(3) 总工期=19(个月)。

【提示】工作A和工作E须由同一专业单位按先后顺序依次完成,因此,要么A→E,要么E→A。由图5-9可知,应为先工作A后工作E,因此在③④之间画虚箭线。

【案例6】

某新建图书馆工程,地下1层,地上11层,建筑面积17000m²,框架结构。建设单位公开招标确定了施工总承包单位并签合同,合同约定工期400日历天,质量目标为合格。

项目经理部根据住房和城乡建设部《施工现场建筑垃圾减量化指导图册》(建办质〔2020〕20号)编制了专项方案,其中规定:施工现场源头减量措施包括设计深化、施工组织优化等。施工现场工程垃圾按材料化学成分分为金属类、无机非金属类、其他,包括:废弃钢筋、混凝土、砂浆、钢管、铁丝、轻质金属夹芯板、水泥、石膏板等。

项目部为实现合同工期目标,分阶段施工进度计划。某阶段施工进度计划图如图5-10所示。

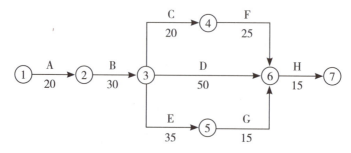

图5-10 某阶段施工进度计划图(单位:天)

在第55d进行进度检查时发现:工作A按时完成,工作B刚结束,工期延后5d。项目部决定对该阶段施工进度计划进行调整,按原计划目标完成。经过对各工作要素进行梳理,形成"工作相关参数表"(见表5-6)。

表5-6 工作相关参数表

序号	工作	最大可压缩时间（天）	赶工费用（元/天）
1	C	10	120
2	D	5	300
3	E	10	150
4	F	5	200
5	G	3	100
6	H	5	410

项目部组织地基与基础工程质量自检，发现地下防水子分部中排水、灌浆工程技术资料不全，整改后形成企业自评报告，报请监理组织该分部工程质量验收。

【问题】

（1）施工现场建筑垃圾的源头减量措施还有哪些？金属类和非金属类有哪些材料？

（2）赶工花费最低的方案花费多少？画出调整后的网络计划图，并写出关键线路（如A→B→C）。

（3）调整进度计划的方法有哪些？

参考答案

（1）源头减量措施还包括永临结合、临时设施和周转材料重复利用、施工过程管控等措施。金属类材料有废弃钢筋、钢管、铁丝，非金属类材料有废弃混凝土、砂浆、水泥。

（2）花费最低：（400×3）+（410×2）=2020（元）。调整后的网络计划图如图5-11所示。

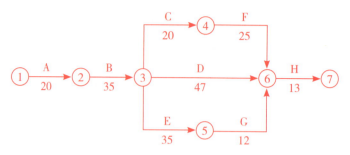

图5-11 调整后的网络计划图（单位：天）

此时关键线路为A→B→D→H和A→B→E→G→H。

（3）调整进度计划的方法：

①关键工作调整。

②非关键工作调整。

③改变某些工作间的逻辑关系。

④剩余工作重新编制进度计划。

⑤资源调整。

【提示】赶工策略为：工作D、G共同压缩3天，工作H再压缩2天。注意关键线路有多条时要同时压缩。

【案例7】

公司对项目部进行月度生产检查时发现，因连续小雨影响，工作D实际进度较计划进度滞后2天，要求项目部在分析原因的基础上制定进度事后控制措施。

【问题】按照施工进度事后控制的要求，社区活动中心应采取的措施有哪些？

参考答案

应采取以下措施：①制定保证总工期不突破的对策措施。②制定总工期突破后的补救措施。③调整相应的施工计划，并组织协调相应的配套设施和保障措施。

【提示】

（1）进度事前控制：

①编制项目实施总进度计划，确定工期目标。

②将总目标分解为分目标，制定相应的细部计划。

③制定完成计划的相应施工方案和保障措施。

（2）进度事中控制：检查工程进度，进行工程进度的动态管理（分析原因）。

（3）进度事后控制：

①制定保证总工期不突破的对策措施。

②制定总工期突破后的补救措施。

③调整相应的施工计划，并组织协调相应的配套设施和保障措施。

【案例8】

项目经理部在工程施工到第8个月月底时，对施工进度进行了检查，工程进展状态如图5-12中前锋线所示。工程部门根据检查、分析的情况调整措施后，重新绘制了从第9个月开始到工程结束的双代号网络计划。

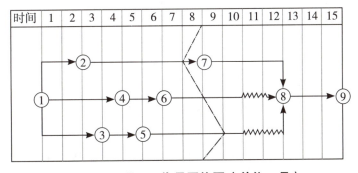

图5-12　项目双代号网络图（单位：月）

【问题】 根据图中的进度前锋线分析第8个月月底工程的实际进展情况。

答题区

参考答案

②→⑦进度延误1个月；⑥→⑧进度正常；⑤→⑧进度提前1个月。

【提示】工作实际位置点落在检查日期的左侧（右侧），表明该工作实际进度拖后（超前），拖后（超前）的时间为二者之差；重合则进度一致。

【案例9】

某工作的逻辑关系如表5-7所示：

表5-7 某工作的逻辑关系表

	施工准备	模板支撑体系搭设	模板支设	钢筋加工	钢筋绑扎	管线预埋	混凝土浇筑
工序编号	A	B	C	D	E	F	G
时间（天）	1	2	2	2	2	1	1
紧后工序	B、D	C、F	E	E	G	G	—

【问题】根据工序安排表绘制出双代号网络图，找出关键线路，并计算工期。

参考答案

（1）双代号网络图如图5-13所示：

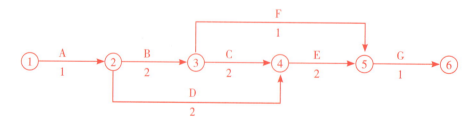

图5-13 双代号网络图（单位：天）

（2）关键线路：A→B→C→E→G。

（3）工期=1+2+2+2+1=8（天）。

【案例10】

某单位工程的施工进度计划网络图如图5-14所示。因工艺设计采用某专利技术，工作F需要工作B和工作C完成以后才能开始施工。监理工程师要求施工单位对该进度计划网络图进行调整。

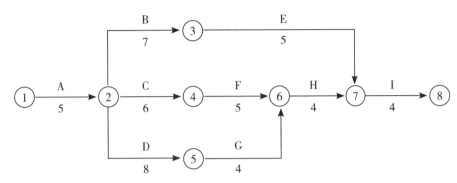

图5-14 某单位工程的施工进度计划网络图（单位：月）

【问题】绘制调整后的施工进度计划网络图，指出其关键线路（用工作表示），并计算总工期（单位：月）。

答题区

参考答案

（1）调整后的施工进度计划网络图如图5-15所示：

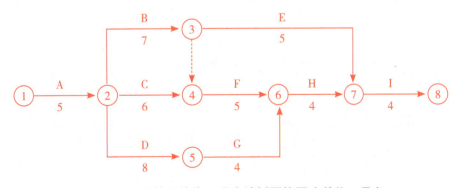

图5-15 调整后的施工进度计划网络图（单位：月）

（2）关键线路：A→B→F→H→I和A→D→G→H→I。

（3）总工期=5+7+5+4+4=25（个月）。

【提示】工作F需要工作B和工作C完成以后才能开始施工，而原图中工作F已经在工作C后了，因此加一条虚箭线即可。

【案例11】

社区活动中心开工后，由项目技术负责人组织，专业工程师根据施工进度总计划编制社区活动中心施工进度计划。内部评审中，项目经理提出工作C、G、J由于特殊工艺共同租赁一台施工机具，在工作B、E按计划完成的前提下，考虑该机具租赁费用较高，尽量连续施工，要求对进度计划进行调整。经调整，最终形成既满足工期要求又经济可行的进度计划。社区活动中心调整后的部分方案计划图如图5-16所示。

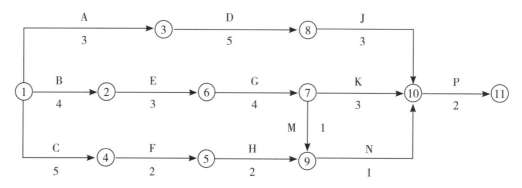

图5-16 社区活动中心调整后的部分方案计划图（单位：天）

【问题】列出图中调整后有变化的逻辑关系（以工作节点表示，如：①→②或②→③）。计算调整后的总工期，列出关键线路（以工作名称表示如：A→D）。

答题区

参考答案

（1）变化的逻辑关系：④→⑥，⑦→⑧。

（2）工期=4+3+4+3+2=16（天）。

（3）关键线路：B→E→G→J→P和B→E→G→K→P。

【提示】工作C、G、J共同租赁一台施工机具，因此就有了先后顺序。

【案例12】

某室内装饰装修工程进度计划网络图如图5-17所示：

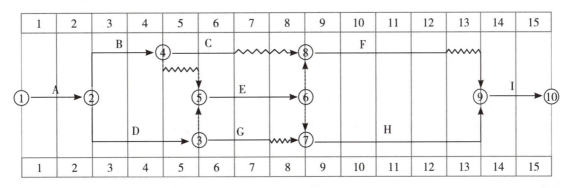

图5-17 某室内装饰装修工程进度计划网络图（单位：周）

【问题】分别写出该网络图的工期和关键线路（用工作表示）。并计算工作C与工作F的总时差和自由时差（单位：周）。

参考答案

（1）工期为15周。

（2）关键线路：A→D→E→H→I。

（3）工作C：总时差3周，自由时差2周。

工作F：总时差1周，自由时差1周。

【案例13】

在室内装饰工程施工过程中，因合同约定由建设单位采购供应的某装饰材料交付时间延误，导致分项工程F的结束时间拖延14天。为此，施工总承包单位以建设单位延误供应材料为由，向项目监理机构提出工期索赔14天的申请。该室内装饰装修工程进度计划网络图如图5-18所示：

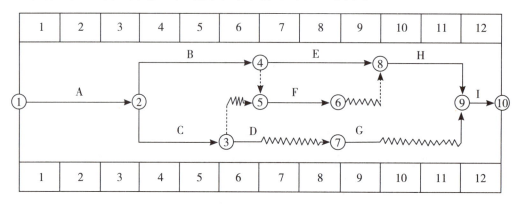

图5-18 该室内装饰装修工程进度计划网络图（单位：周）

【问题】室内装饰工程的工期为多少天？写出该网络计划的关键线路（用节点表示）。施工总承包单位提出的工期索赔14天是否成立？

答题区

参考答案

（1）室内装饰工程的工期为84天。

（2）关键线路为：①→②→④→⑧→⑨→⑩。

（3）施工总承包单位提出的工期14天索赔不成立。

【提示】建设单位供应材料迟延交付属于建设单位原因，工期应予顺延。工作F的总时差=1（周），即7天，因此施工总承包单位只能提出7天的工期索赔。

【案例14】

某工程编制的网络计划图如图5-19所示，施工过程中发生索赔事件如下：

由于项目功能调整变更设计，导致工作C中途出现停歇，持续时间比原计划超出2个月，造成施工人员窝工损失27.2（13.6×2）万元。

针对上述事件，施工单位在有效时限内分别向建设单位提出2个月的工期索赔、27.2万元的费用索赔（所有事项均与实际相符）。

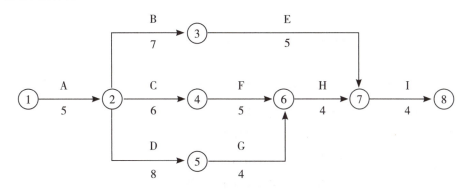

图5-19 某工程编制的网络计划图（单位：月）

【问题】指出施工单位提出的工期索赔和费用索赔是否成立，并说明理由。

参考答案

（1）施工单位提出的2个月的工期索赔不成立。

理由：变更设计属于建设单位的责任，工期应予顺延。但是工作C有1个月总时差，持续时间超出2个月只影响总工期1个月，因此只能提出1个月的工期索赔。

（2）施工单位提出的窝工费27.2万元索赔成立。

理由：变更设计属于建设单位的责任，费用由建设单位承担，因此费用索赔成立。

【提示】工期索赔与费用索赔注意分别判断。

专题六 质量与验收

导图框架

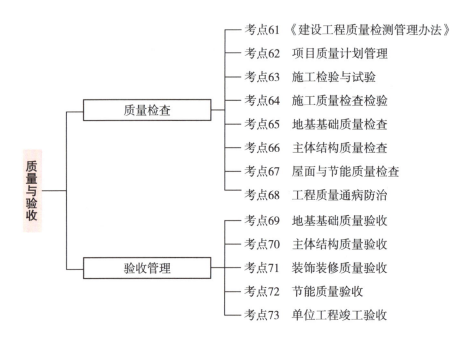

专题雷达图

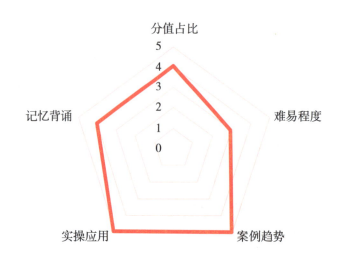

分值占比：为案例题的考查内容之一，可以结合专题三、四进行综合性考查，近五年考试分值在20分左右。

难易程度：需要在掌握施工技术知识的基础上学习本专题，其难度比施工技术要低。

案例趋势：案例必考专题，主要考查案例三，其他案例在小问中也会涉及。

实操应用：会涉及实操应用，特别是识图题。

记忆背诵：案例考查以问答题、纠错题为主，个别知识点需要背诵，以应对问答题。

考点练习

考点61 《建设工程质量检测管理办法》★

1.根据《建设工程质量检测管理办法》（住房和城乡建设部令第57号），建设单位委托检测机构开展建设工程质量检测活动的，（　　）应当制作见证记录，记录取样、制样、标识、封志、送检以及现场检测等情况，并签字确认。

A.项目经理　　　　B.监理人员　　　　C.项目技术负责人　　　　D.见证人员

【答案】D

【解析】建设单位委托检测机构开展建设工程质量检测活动的，建设单位或者监理单位应当对建设工程质量检测活动实施见证。见证人员应当制作见证记录，记录取样、制样、标识、封志、送检以及现场检测等情况，并签字确认。

2.根据《建设工程质量检测管理办法》（住房和城乡建设部令第57号），提供检测试样的单位和个人，应当对检测试样的（　　）负责。

A.符合性　　　　　　　　　　B.真实性

C.准确性　　　　　　　　　　D.唯一性

E.代表性

【答案】ABE

【解析】提供检测试样的单位和个人，应当对检测试样的符合性、真实性及代表性负责。检测试样应当具有清晰的、不易脱落的唯一性标识、标志。

考点62 项目质量计划管理★★

1.项目质量计划应由（　　）组织编写。

A.项目经理　　　　　　　　　　B.安全工程师

C.总监理工程师 D.项目技术负责人

【答案】A

【解析】项目质量计划应由项目经理组织编写，报企业相关管理部门批准并得到发包方和监理方认可后实施。

2.施工过程中的施工质量管理记录包括（　　）。

A.施工日记和专项施工记录 B.安全培训记录

C.上岗培训记录和岗位资格证明 D.图纸、变更设计接收和发放的有关记录

E.材料复试记录

【答案】ACD

【解析】施工过程中的质量管理记录应包括：①施工日记和专项施工记录。②交底记录。③上岗培训记录和岗位资格证明。④上岗机具和检验、测量及实验设备的管理记录。⑤图纸、变更设计接收和发放的有关记录。⑥监督检查和整改、复查记录等。

考点63　施工检验与试验★★

1.建筑工程施工现场检测试验技术管理程序的第一步应是（　　）。

A.制取试样　　　B.制定检测计划　　　C.登记台账　　　D.试验报告管理

【答案】B

【解析】建筑工程施工现场检测试验技术管理应按以下程序进行：①制定检测试验计划。②制取试样。③登记台账。④送检。⑤检测试验。⑥检测试验报告管理。

2.当下列情况发生时，应调整施工检测试验计划的有（　　）。

A.设计变更 B.检测单位改变

C.见证人变更 D.施工进度调整

E.材料型号变更

【答案】ADE

【解析】施工检测试验计划中的计划检测试验时间，应根据工程施工进度计划确定。当设计变更，施工工艺改变，施工进度调整，材料和设备的规格、型号或数量变化时，应及时调整施工检测试验计划，并按规定重新进行审查。

考点64　施工质量检查检验★

1.现场质量检查的内容有（　　）。

A.工序交接检查 B.分项、分部工程完工后的检查

C.停工后复工的检查 D.开工后检查

E.隐蔽工程的检查

【答案】ABCE

【解析】现场质量检查内容：①开工前检查。②工序交接检查。③隐蔽工程的检查。④停工后复工的检查。⑤分项、分部工程完工后的检查。

2.对于重要的或对工程质量有重大影响的工序，应严格执行（　　）的"三检"制度。

A.事前检查、事中检查、事后检查　　　　B.自检、互检、专检

C.工序检查、分项检查、分部检查　　　　D.操作者自检、质量员检查、监理工程师检查

【答案】B

【解析】对于重要的工序或对工程质量有重大影响的工序，应严格执行"三检"制度，即自检、互检、专检。

3.现场质量检查的方法主要有（　　）等。

A.模拟法　　　　　　　　　　　　　　　B.目测法

C.清单法　　　　　　　　　　　　　　　D.试验法

E.实测法

【答案】BDE

【解析】现场质量检查的方法主要有目测法、实测法和试验法等。

4.现场质量检查方法的目测法手段可概括为（　　）。

A.敲　　　　　　　　　　　　　　　　　B.看

C.照　　　　　　　　　　　　　　　　　D.摸

E.量

【答案】ABCD

【解析】目测法也称观感质量检验，其手段可概括为"看、摸、敲、照"四个字。

考点65　地基基础质量检查★★

1.根据《建筑桩基技术规范》（JGJ 94—2008），下列混凝土灌注桩质量检查项目中，应在混凝土浇筑前进行检查的有（　　）。

A.孔深　　　　　　　　　　　　　　　　B.孔径

C.桩身完整性　　　　　　　　　　　　　D.承载力

E.沉渣厚度

【答案】ABE

【解析】根据《建筑桩基技术规范》（JGJ 94—2008），灌注桩施工过程中应进行下列检验：灌注混凝土前，对已成孔的中心位置、孔深、孔径、垂直度、孔底沉渣厚度进行检验。

2.土方开挖过程中应检查的项目有（　　）。

A.定位放线　　　　　　　　　　　　B.地下水控制系统

C.平面位置　　　　　　　　　　　　D.水平标高

E.边坡坡率

【答案】CDE

【解析】土方开挖过程中应检查平面位置、水平标高、边坡坡率、压实度、排水系统等，并随时观测周围的环境变化。土方开挖前，应检查定位放线、排水和地下水控制系统等。

3.某工程地基验槽采用观察法，验槽时应重点观察的是（　　）。

A.柱基、墙角、承重墙下　　　　　　B.槽壁、槽底的土质情况

C.基槽开挖深度　　　　　　　　　　D.槽底土质结构是否被人为破坏

【答案】A

【解析】基坑（槽）验槽，应重点观察柱基、墙角、承重墙下或其他受力较大部位，如有异常部位，要会同勘察、设计等有关单位进行处理。

考点66　主体结构质量检查★★

1.模板在施工中应重点检查的项目包括（　　）。

A.强度　　　　　　　　　　　　　　B.刚度

C.稳定性　　　　　　　　　　　　　D.施工方案的编制情况

E.平整度

【答案】ABCE

【解析】模板工程施工前应编制施工方案，施工过程重点检查：施工方案是否可行及落实情况，模板的强度、刚度、稳定性、支承面积、平整度、几何尺寸、拼缝、隔离剂涂刷。

2.钢筋工程在施工过程中应重点检查（　　）。

A.原材料进场合格证和复试报告　　　B.钢筋连接试验报告

C.操作者合格证　　　　　　　　　　D.钢筋加工质量

E.隔离剂涂刷

【答案】ABCD

【解析】钢筋施工过程中重点检查：原材料进场合格证和复试报告、加工质量、钢筋连接试验报告及操作者合格证。隔离剂涂刷是模板工程应检查的内容。

考点67　屋面与节能质量检查★

1.关于屋面防水工程施工完成后的检查与检验的做法中，不正确的是（　　）。

A.主要检查屋面有无渗漏、积水和排水系统是否畅通

B.防水层完工后，应在雨后检查屋面有无渗漏

C.防水层完工后，应在持续淋水2h后检查屋面有无渗漏

D.防水层完工前，应在持续淋水2h后检查屋面有无渗漏

【答案】D

【解析】防水层完工后，应在雨后或持续淋水2h后检查屋面有无渗漏、积水和排水系统是否畅通。

2.铺设防水层的基层应满足（　　）的要求。

A.平整　　　　　　　　　　　　　　B.干燥

C.干净　　　　　　　　　　　　　　D.坚实

E.含水率

【答案】ABCD

【解析】铺设防水层的基层应平整、干燥、干净和坚实。

考点68　工程质量通病防治★★★

1.造成挖方边坡大面积塌方的原因可能有（　　）。

A.基坑（槽）开挖坡度不够　　　　　B.土方施工机械配置不合理

C.未采取有效的降排水措施　　　　　D.边坡顶部堆载过大

E.开挖次序、方法不当

【答案】ACDE

【解析】施工机械配置不合理主要影响的是施工效率。边坡塌方的原因可能有：①基坑（槽）开挖坡度不够。②在有地表水、地下水作用的土层开挖时，未采取有效的降排水措施。③边坡顶部堆载过大，或受外力振动影响。④土质松软，开挖次序、方法不当。

2.下列砌体结构墙体裂缝现象中，主要原因不是因地基不均匀下沉引起的是（　　）。

A.纵墙两端出现斜裂缝

B.裂缝通过窗口两个对角

C.裂缝向沉降较大的方向倾斜，并由下向上发展

D.窗间墙出现竖向裂缝

【答案】D

【解析】因地基不均匀下沉引起的墙体裂缝的现象：在纵墙的两端出现斜裂缝；多数裂缝通过窗口的两个对角；裂缝向沉降较大的方向倾斜，并由下向上发展。

考点69　地基基础质量验收 ★★★

1.以下属于地基与基础工程子分部工程的有（　　）。
A.基坑支护
B.基础
C.灰土地基
D.土方开挖
E.降水与排水

【答案】AB

【解析】地基与基础工程主要包括地基、基础、基坑支护、地下水控制、土方、边坡、地下防水等子分部工程。灰土地基和土方开挖及降水和排水属于分项工程。

2.地基与基础工程的验收可由（　　）组织。
A.项目经理
B.总监理工程师
C.专业工程师
D.项目技术负责人

【答案】B

【解析】地基与基础工程的验收由建设单位项目负责人（或总监理工程师）组织验收。

考点70　主体结构质量验收 ★★★

1.下列关于结构实体检验的描述中，不正确的是（　　）。
A.结构实体检验应由监理单位组织施工单位实施
B.结构实体检验应由监理单位见证实施过程
C.结构实体检验宜采用同条件养护试件方法
D.所有部位都应进行实体检验

【答案】D

【解析】D选项错误，对涉及混凝土结构安全的代表性的部位进行实体质量检验。

2.结构实体检验应包括（　　）等项目。
A.混凝土强度
B.混凝土刚度
C.钢筋保护层厚度
D.结构位置与尺寸偏差
E.合同约定的项目

【答案】ACDE

【解析】结构实体检验应包括混凝土强度、钢筋保护层厚度、结构位置与尺寸偏差以及合同约定的项目；必要时可检验其他项目。

3.属于混凝土结构分项工程的有（　　）。
A.混凝土
B.钢筋

C.模板　　　　　　　　　　　　　D.预应力

E.混凝土砌块

【答案】ABCD

【解析】混凝土结构的分项工程有：模板、钢筋、混凝土、预应力、现浇结构、装配式结构。

4.下列工程质量验收中，属于主体结构子分部工程的有（　　）。

A.现浇结构　　　　　　　　　　　B.砌体结构

C.钢结构　　　　　　　　　　　　D.木结构

E.装配式结构

【答案】BCD

【解析】主体结构主要包混凝土结构、砌体结构、钢结构、钢管混凝土结构、型钢混凝土结构、铝合金结构、木结构等子分部工程。

考点71　装饰装修质量验收★★

1.建筑外窗必须进行的安全与功能检测项目的有（　　）。

A.气密性能　　　　　　　　　　　B.水密性能

C.层间变形性能　　　　　　　　　D.抗风压性能

E.硅酮结构胶的相容性

【答案】ABD

【解析】建筑外窗检测气密性能、水密性能和抗风压性能。

2.饰面板工程必须进行的安全与功能检测的项目是（　　）。

A.板后置埋件的现场拉拔力　　　　B.饰面板的粘结强度

C.层间变形性能　　　　　　　　　D.抗风压性能

【答案】A

【解析】饰面板工程检测板后置埋件的现场拉拔力。

考点72　节能质量验收★★★

1.建筑围护结构节能工程施工完成后，应对围护结构的（　　）进行现场实体检验。

A.外墙节能构造　　　　　　　　　B.外窗气密性能

C.外窗水密性能　　　　　　　　　D.外窗抗风压性能

E.层间变形性能

【答案】AB

【解析】建筑围护结构节能工程施工完成后，应对围护结构的外墙节能构造和外窗气密性能进行现场实体检验。

2.围护结构节能工程包含的分项工程有（　　）。

A.墙体节能工程　　　　　　　　B.幕墙节能工程

C.门窗节能工程　　　　　　　　D.屋面节能工程

E.楼面节能工程

【答案】ABCD

【解析】围护结构节能工程包含的分项工程有墙体节能工程、幕墙节能工程、门窗节能工程、屋面节能工程、地面节能工程。

考点73　单位工程竣工验收★★★

1.单位工程质量验收程序正确的是（　　）。

①竣工预验收；②单位工程验收；③施工单位自检；④提交工程竣工报告。

A.①→③→②→④　　　　　　　B.③→①→②→④

C.③→②→①→④　　　　　　　D.③→①→④→②

【答案】D

【解析】单位工程质量验收程序：施工单位自检，总监组织专监预验收，预验收通过后，由施工单位向建设单位提交工程竣工报告，申请工程竣工验收，建设单位项目负责人组织单位工程验收。

2.单位工程质量验收合格标准包括（　　）。

A.所含分部工程的质量应全部验收合格

B.质量控制资料应完整、真实

C.所含分部工程中有关安全、节能、环境保护和主要使用功能的检验资料应完整

D.所有使用功能的抽查结果都应符合国家现行推荐性工程建设规范的规定

E.观感质量应符合要求

【答案】ABCE

【解析】D选项错误，主要使用功能的抽查结果应符合相关专业验收规范的规定。

【案例1】

首层楼板混凝土出现明显的塑态收缩现象，造成混凝土结构表面收缩裂缝。项目部质量专题会议分析，认为其主要原因是骨料含泥量过大和水泥及掺合料的用量超出规范要求等，要求及时采取防治措施。

【问题】除塑态收缩外，还有哪些收缩现象易引起混凝土表面收缩裂缝？收缩裂缝产生的原因还有哪些？

参考答案

（1）引起混凝土表面收缩裂缝的收缩现象：沉陷收缩、干燥收缩、碳化收缩、凝结收缩等收缩裂缝。

（2）收缩裂缝产生的原因还有：

①混凝土水胶比、坍落度偏大，和易性差。

②混凝土浇筑振捣差，养护不及时或养护差。

【案例2】

工程采用新型保温材料。施工完成后，由施工单位项目负责人主持、组织总监理工程师、建设单位项目负责人、施工单位技术负责人，相关专业质量员和施工员进行了节能工程部分验收。

【问题】节能分部工程的验收组织有什么不妥？

答题区

参考答案

不妥1：由施工单位项目负责人组织节能分部工程验收。

不妥2：节能分部工程验收参加人员不全。

【提示】验收应由总监理工程师组织，验收人员还应包括设计单位项目负责人、施工单位的质量部门负责人、施工单位项目负责人、施工单位项目技术负责人。

【案例3】

该工程的外墙保温材料和粘结材料等进场后，项目部会同监理工程师核查了其导热系数、燃烧性能等质量证明文件；在监理工程师的见证下，对保温、粘结和增强材料进行了复验取样。

【问题】外墙保温、粘结和增强材料的复试项目有哪些？

答题区

参考答案

（1）外墙保温材料的复试项目：密度、抗压强度或压缩强度。

（2）粘结材料的复试项目：粘结强度。

（3）增强材料的复试项目：力学性能、抗腐蚀性能。

【案例4】

竣工验收通过后，总承包单位、专业分包单位分别将各自施工范围的工程资料移交给监理机构，监理机构整理后将施工资料与工程监理资料一并向当地城建档案管理部门移交，被城建档案管理部门以资料移交程序错误为由，予以拒绝。

【问题】分别指出总承包单位、专业分包单位、监理单位的工程资料正确的移交程序。

参考答案

专业分包单位的工程资料移交给总承包单位；总承包单位的工程资料移交给建设单位；监理单位工程资料移交给建设单位；建设单位向城建档案管理部门移交工程档案。

【案例5】

本工程完成全部结构施工内容后，在主体结构验收前，项目部制定了结构实体检验专项方案，委托具有相应资质的检测单位，在监理单位见证下对涉及混凝土结构安全的代表性的部位进行钢筋保护层厚度等检测，检测项目全部合格。

【问题】主体结构混凝土子分部包含哪些分项工程?混凝土结构实体检验还应包含哪些检测项目?

参考答案

(1)包括模板、钢筋、混凝土、预应力、现浇结构、装配式结构等分项工程。

(2)混凝土结构实体检验项目包括混凝土强度、结构位置及尺寸偏差以及合同约定的其他项目。

【案例6】

工程完工后,施工总承包单位自检合格,再由专业监理工程师组织了竣工预验收。预验收所提出的问题施工单位已整改完毕,总监理工程师及时向建设单位申请工程竣工验收,建设单位认为程序不妥拒绝验收。

【问题】指出竣工验收程序有哪些不妥之处,并写出相应正确的做法。

参考答案

不妥之处1:由专业监理工程师组织了竣工预验收。

正确做法:应由总监理工程师组织竣工预验收。

不妥之处2:总监理工程师向建设单位申请工程竣工验收。

正确做法:由施工总承包单位向建设单位申请工程竣工验收。

【案例7】

某新建住宅小区，单位工程分别为地下2层，地上9~12层，总建筑面积15.5万m²。各单位为贯彻落实《建设工程质量检测管理办法》（住房和城乡建设部令第57号）要求，在工程施工质量检查管理周边做了以下工作：

（1）建设单位委托具有相应资质的检测机构负责本次工程质量检测工作。

（2）监理工程师对混凝土试样制作与送检进行了见证。试验员如实记录了其取样、现场检测等情况，制作了见证记录。

（3）混凝土试样送检时，试验员向检测机构填报了检测委托单。

（4）总包项目部按照建设单位要求，每月向检测机构支付当期检测费用。

地下室混凝土模板拆除后，发现混凝土墙体、楼板面存在有蜂窝、麻面、露筋、裂缝、孔洞和层间错台等质量缺陷。质量缺陷图样资料详见图6-1~图6-6。项目部按要求制定了质量缺陷处理专项方案，按照"凿除孔洞松散混凝土——………——剔除多余混凝土"的工艺流程进行孔洞质量缺陷治理。

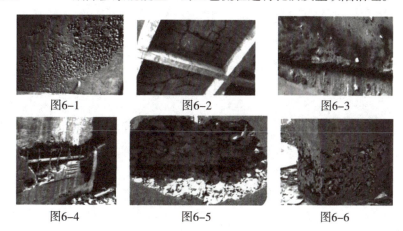

图6-1　　　　图6-2　　　　图6-3

图6-4　　　　图6-5　　　　图6-6

项目部编制的基础底板混凝土施工方案中确定了底板混凝土后浇带留设的位置，明确了后浇带处的基础垫层、卷材防水层、防水加强层、防水找平层、防水保护层，止水钢板、外贴止水带等防水构造要求（见图6-7）。

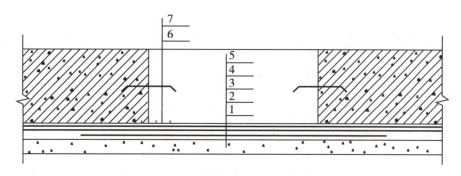

图6-7　后浇带防水构造示意图

【问题】

1.指出工程施工质量检测管理工作中的不妥之处，并写出正确做法。混凝土试样制作与取样见证记录还有哪些？

2. 写出图6-1～图6-6的质量缺陷名称（表示为图6-1：麻面）。

3. 写出图6-7中防水构造层编号的构造名称（表示为1：基础垫层）。

4. 补充完整混凝土表面孔洞质量缺陷治理工艺的流程内容。

答题区

参考答案

1.（1）不妥之处1：试验员制作见证记录。

正确做法：由见证人员制作见证记录。

不妥之处2：总包项目部向检测机构支付检测费用。

正确做法：由建设单位支付检测费用。

（2）见证记录还有：制样、标识、封志、送检，并签字确认。

2. 图6-1：麻面；图6-2：裂缝；图6-3：层间错台；图6-4：孔洞；图6-5：露筋；图6-6：蜂窝。

3. 1：基础垫层；2：防水找平层；3：防水加强层；4：卷材防水层；5：防水保护层；6：外贴止水带；7：止水钢板。

4. 凿除胶结不牢固部分的混凝土至密实部位，清理表面、支设模板、洒水湿润后并涂抹混凝土界面剂，采用比原混凝土强度等级高一级的细石混凝土浇筑密实，养护时间不应少于7d。

【案例8】

某项目部对建筑节能工程围护结构子分部工程检查时,抽查了墙体节能分项工程中保温隔热材料复验报告。复验报告表明,该批次酚醛泡沫塑料板的导热系数(热阻)等各项性能指标合格。

【问题】 建筑节能工程中的围护结构子分部工程包含哪些分项工程?墙体保温隔热材料进场时需要复验的性能指标有哪些?

参考答案

(1)围护结构子分部工程包含:幕墙节能工程、门窗节能工程、屋面节能工程和地面节能工程。

(2)墙体保温隔热材料进场需要复验的性能指标有:保温隔热材料的密度、压缩强度或抗压强度、垂直于板面方向的抗拉强度、吸水率、燃烧性能(不燃材料除外)。

【案例9】

建筑节能工程施工前,施工单位上报了建筑节能工程施工技术专项方案。方案规定,工程竣工验收后,施工单位项目经理组织建筑节能分部工程验收。监理工程师认为存在问题,要求进行修改。

【问题】 指出专项方案的不妥之处,并说明理由。

参考答案

不妥之处1：建筑节能工程竣工验收在竣工验收以后进行。

理由：建筑节能分部工程的质量验收，应在检验批、分项工程全部验收合格的基础上，在单位工程竣工验收前进行。

不妥之处2：施工单位项目经理组织建筑节能分部工程验收。

理由：建筑节能分部工程验收应由总监理工程师组织。

【案例10】

某施工企业中标一新建办公楼工程，地下2层，地上28层。钢筋混凝土灌注桩基础，上部为框架-剪力墙结构，建筑面积28600m²。

项目部在开工后编制了项目质量计划，内容包括质量目标和要求、管理组织体系及管理职责、质量控制点等，并根据工程进展实施静态管理。其中，设置质量控制点的关键部位和环节包括：影响施工质量的关键部位和环节；影响使用功能的关键部位和环节；采用新材料、新设备的部位和环节等。

桩基施工完成后，项目部采用高应变法按要求进行了工程桩桩身完整性检测，其抽检数量按照相关标准规定选取。

钢筋施工专项技术方案中规定，采用专用量规等检测工具对钢筋直螺纹加工和安装质量进行检测；纵向受力钢筋采用机械连接或焊接接头时对接头面积百分率等要求如下：

（1）受拉接头不宜大于50%。

（2）受压接头不宜大于75%。

（3）直接承受动力荷载的结构构件不宜采用焊接。

（4）直接承受动力荷载的结构构件采用机械连接时，不宜超过50%。

项目部质量员在现场发现屋面卷材有流淌现象，经质量分析讨论，对产生屋面卷材流淌现象的原因分析如下：

（1）胶结料耐热度偏低。

（2）找平层的分格缝设置不当。

（3）胶结料粘结层过厚。

（4）屋面板因温度变化产生胀缩。

（5）卷材搭接长度太小。

针对原因进行分析，整改方案采用钉钉子法：在卷材上部离屋脊200~350mm范围内钉一排20mm长圆钉，钉眼涂防锈漆。

监理工程师认为,对屋面卷材流淌现象的原因分析和钉钉子法的做法都存在不妥,要求修改。

【问题】

1.指出工程质量计划编制和管理中的不妥之处,并写出正确做法。工程质量计划中应设置质量控制点的关键部位和环节还有哪些?

2.灌注桩桩身完整性检测方法还有哪些?桩身完整性抽检数量的标准规定有哪些?

3.指出钢筋连接接头面积百分率等要求中的不妥之处,并写出正确做法。现场钢筋直螺纹接头加工和安装质量检测专用工具还有哪些?

4.写出屋面卷材流淌原因分析中的不妥之处。写出钉钉子法的正确做法。

参考答案

1.（1）不妥之处1：项目部在开工后编制了项目质量计划。

正确做法：工程项目开工前应进行质量策划，编制项目质量计划。

不妥之处2：根据工程进展实施静态管理。

正确做法：根据工程进展实施动态管理。

（2）①影响结构安全的关键部位、关键环节。

②采用新技术、新工艺的部位和环节。

③隐蔽工程验收。

2.（1）钻芯法，低应变法，声波透射法。

（2）工程桩应进行桩身完整性检验；抽检数量不应少于总桩数的20%，且不应少于10根。每根柱子承台下的桩抽检数量不应少于1根。

3.（1）不妥之处1：受压接头不宜大于75%。

正确做法：受压接头，可不受限制。

不妥之处2：直接承受动力荷载的结构构件采用机械连接时，不宜超过50%。

正确做法：直接承受动力荷载的结构构件，采用机械连接时，不应超过50%。

（2）现场钢筋直螺纹接头加工和安装质量检测专用工具还有：通规、止规、游标卡尺、管钳扳手、扭力扳手等。

4.（1）不妥之处1：找平层的分格缝设置不当。

不妥之处2：屋面板因温度变化产生胀缩。

不妥之处3：卷材搭接长度太小。

（2）钉钉子法的正确做法：当施工后不久，卷材有下滑趋势时，可在卷材的上部离屋脊300～450mm范围内钉三排50mm长圆钉，钉眼上灌胶结料。卷材流淌后，横向搭接若有错动，应清除边缘翘起处的旧胶结料，重新浇灌胶结料，并压实刮平。

专题七 合同与造价

导图框架

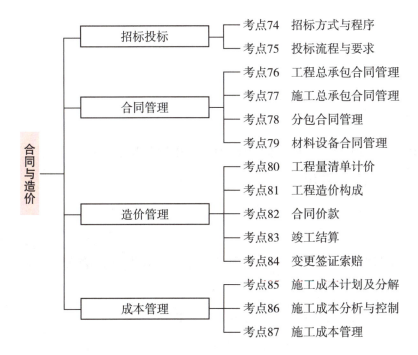

专题雷达图

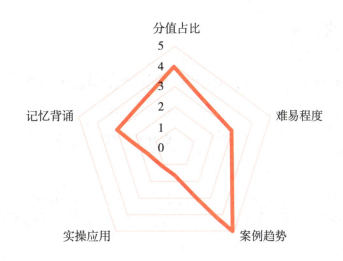

分值占比：案例题为考查内容之一，历年平均分值在20分左右。

难易程度：预付款、进度款等计算题略有难度，但是仔细审题仍可做对。

案例趋势：案例必考专题，一般出现在案例四中。

实操应用：基本不涉及实操，但会有计算题。

记忆背诵：合同、成本等涉及一些背诵。

考点练习

考点74 招标方式与程序★★

1.招标人最迟将在与中标人签订合同后（　　）日内，向未中标的投标人和中标人退还投标保证金。

A.5　　　　　　B.3　　　　　　C.10　　　　　　D.15

【答案】A

【解析】招标人最迟将在与中标人签订合同后5日内，向未中标的投标人和中标人退还投标保证金。

2.招标人在收到评标报告之日起（　　）日内，按照投标人须知前附表规定的公示媒介和期限公示中标候选人。

A.5　　　　　　B.3　　　　　　C.10　　　　　　D.15

【答案】B

【解析】招标人在收到评标报告之日起3日内，按照投标人须知前附表规定的公示媒介和期限公示中标候选人，公示期不得少于3天。

考点75 投标流程与要求★

1.投标文件中，工程量清单的（　　）必须与招标人招标文件中提供的一致。

A.项目编码　　　　　　　　　　B.项目名称

C.项目特征　　　　　　　　　　D.计量单位

E.施工条件

【答案】ABCD

【解析】工程量清单的项目编码、项目名称、项目特征、计量单位、工程数量必须与招标人招标文件中提供的一致。

2.投标人的安全防护、文明施工措施费的报价，不得低于依据工程所在地工程造价主管部门公布计价标准所计算得出总费用的（　　）。

A.70%　　　　　　B.80%　　　　　　C.90%　　　　　　D.100%

【答案】C

【解析】投标人自主确定措施项目费。投标人的安全防护、文明施工措施费的报价，不得低于依据工程所在地工程造价主管部门公布计价标准所计算得出总费用的90%。

考点76　工程总承包合同管理★★

1.《建设项目工程总承包合同（示范文本）》（GF—2020—0216）的组成不包括（　　）。

A.合同协议书　　　　　　　　　　B.通用合同条件

C.专用合同条件　　　　　　　　　D.投标函及附录

【答案】D

【解析】《建设项目工程总承包合同（示范文本）》（GF—2020—0216）由合同协议书、通用合同条件和专用合同条件三部分组成。

2.《建设项目工程总承包合同（示范文本）》（GF—2020—0216）解释构成合同文件的优先顺序为（　　）。

A.合同协议书→中标通知书→投标函及投标函附录→承包人建议书

B.合同协议书→中标通知书→投标函及投标函附录→已标价工程量清单

C.合同协议书→投标函及投标函附录→中标通知书→承包人建议书

D.合同协议书→投标函及投标函附录→中标通知书→已标价工程量清单

【答案】A

【解析】工程总承包合同除专用合同条款另有约定外，解释构成合同文件的优先顺序：①合同协议书。②中标通知书（如有）。③投标函及投标函附录（如有）。④专用合同条件及《发包人要求》等附件。⑤通用合同条件。⑥承包人建议书。⑦价格清单。⑧双方约定的其他合同文件。

考点77　施工总承包合同管理★

1.总包合同管理的原则包括（　　）。

A.依法履约　　　　　　　　　　B.诚实信用

C.科学合规　　　　　　　　　　D.协调合作

E.实事求是

【答案】ABD

【解析】总包合同管理的原则：①依法履约原则。②诚实信用原则。③全面履行原则。④协调合作原则。⑤维护权益原则。⑥动态管理原则。

2.《建设工程施工合同（示范文本）》（GF—2017—0201）的组成不包括（　　）。

A.合同协议书　　　　　　　　　　　　B.通用合同条款

C.专用合同条款　　　　　　　　　　　D.中标通知书

【答案】D

【解析】《建设工程施工合同（示范文本）》（GF—2017—0201）由合同协议书、通用合同条款和专用合同条款三部分组成。

考点78　分包合同管理★★

1.总承包单位依法将建设总承包单位依法将建设总承包单位与分包单位对分包工程的质量承担（　　）责任。

A.主要　　　　　　B.次要　　　　　　C.连带　　　　　　D.无限

【答案】C

【解析】总承包单位依法将建设工程分包给其他单位的，分包单位应当按照分包合同的约定对其分包工程的质量向总承包单位负责，总承包单位与分包单位对分包工程的质量承担连带责任。

2.下列关于工程分包的说法中，错误的是（　　）。

A.承包人有义务对分包人的资质进行审查

B.承包人应当对分包人的工作进行必要的协调与管理

C.承包人不得将其承包的全部工程转包给第三人

D.承包人可以以劳务分包的名义进行转包

【答案】D

【解析】承包人不得将其承包的全部工程转包给第三人，或将其承包的全部工程肢解后以分包的名义转包给第三人。承包人不得将法律或专用合同条件中禁止分包的工作事项分包给第三人，不得以劳务分包的名义转包或违法分包工程。

考点79　材料设备合同管理★★

1.（　　）是供应合同的主要条款。

A.数量　　　　　　B.价格　　　　　　C.标的　　　　　　D.结算

【答案】C

【解析】标的是供应合同的主要条款。

2.下列不属于供应合同标的的是（　　）。

A.品种　　　　　　B.型号　　　　　　C.规格　　　　　　D.价格

【答案】D

【解析】供应合同的标的主要包括：购销物资的名称（注明牌号、商标）、品种、型号、规格、等级、花色、技术标准或质量要求等。物资采购合同的主要条款包括：标的、数量、包装、运输方式、价格、结算、违约责任、特殊条款。

考点80　工程量清单计价 ★★

1.工程量清单中，其他项目清单不包括（　　）。

A.安全文明施工费　　　　　　　　　　B.暂列金额

C.暂估价　　　　　　　　　　　　　　D.总承包服务费

【答案】A

【解析】其他项目清单包括暂列金额、暂估价、计日工、总承包服务费。安全文明施工费属于措施项目费。

2.招标工程量清单必须作为招标文件的组成部分，准确性和完整性由（　　）负责。

A.招标人　　　　B.投标人　　　　C.管理机构　　　　D.中标人

【答案】A

【解析】招标工程量清单必须作为招标文件的组成部分，准确性和完整性由招标人负责。

考点81　工程造价构成 ★★★

1.建设工程造价的特点包括（　　）。

A.大额性　　　　　　　　　　　　　　B.差异性

C.科学性　　　　　　　　　　　　　　D.动态性

E.层次性

【答案】ABDE

【解析】建设工程造价的特点是：大额性、个别性和差异性、动态性、层次性。

2.建筑安装工程费按照费用构成要素划分，下列不属于材料费的是（　　）。

A.材料原价　　　　　　　　　　　　　B.运输损耗费

C.原材料检验试验费　　　　　　　　　D.采购及保管费

【答案】C

【解析】原材料中的检验试验费列入企业管理费。

考点82　合同价款★★★

1.预付款的预付时间应不迟于约定的开工日期前（　　）天。
A.7　　　　　　B.14　　　　　　C.28　　　　　　D.42

【答案】A

【解析】预付款的预付时间应不迟于约定的开工日期前7天。

2.保修金比例不得超过工程价款结算总额的（　　）。
A.1%　　　　　B.3%　　　　　C.5%　　　　　D.10%

【答案】B

【解析】保修金比例不得超过工程价款结算总额的3%。

考点83　竣工结算★★

1.工程价款结算应充分考虑动态因素，常用的方法不包括（　　）。
A.实际价格法　　　　　　　　B.调价系数法
C.调值公式法　　　　　　　　D.价值系数法

【答案】D

【解析】工程价款结算应充分考虑动态因素，常用的方法有：工程造价指数调整法、实际价格法、调价系数法、调值公式法。

2.2024年2月，某工程实际完成的基准日期的价格为1500万元。调值公式中的固定系数为0.3，对比基准日前的相关成本要素，水泥的价格指数上升了20%，水泥的费用占合同调值部分的40%，其他成本要素的价格均未发生变化，则2024年2月应调整的合同价的差额为（　　）万元。
A.84　　　　　B.126　　　　　C.1584　　　　　D.1626

【答案】A

【解析】调值后的合同价款差额=1500×（0.3+0.7×0.4×120%÷100%+0.7×0.6×1）−1500=84（万元）。注意水泥的费用占合同调值部分的40%，还有固定部分。

考点84　变更签证索赔★★★

1.承包人应在收到变更指示后（　　）天内，向监理人提交变更估价申请。
A.7　　　　　　B.14　　　　　　C.28　　　　　　D.42

【答案】B

【解析】承包人应在收到变更指示后14天内，向监理人提交变更估价申请。

2.不可抗力解除后复工的,若不能按期竣工,应合理延长工期。发包人要求赶工的,赶工费用应由( )承担。

A.分包人　　　　　　B.作业人　　　　　　C.发包人　　　　　　D.承包人

【答案】C

【解析】不可抗力解除后复工的,若不能按期竣工,应合理延长工期。发包人要求赶工的,赶工费用应由发包人承担。

3.根据《建设项目工程总承包合同（示范文本）》(GF—2020—0216),索赔方应在发出索赔意向通知书后( )天内,向对方正式递交索赔报告。

A.7　　　　　　B.14　　　　　　C.28　　　　　　D.42

【答案】C

【解析】索赔方应在发出索赔意向通知书后28天内,向对方正式递交索赔报告;索赔报告应详细说明索赔理由以及要求追加的付款金额、延长缺陷责任期和（或）延长的工期,并附必要的记录和证明材料。

4.根据《建设项目工程总承包合同（示范文本）》(GF—2020—0216),索赔事件具有持续影响的,在索赔事件影响结束后( )天内,索赔方应向对方递交最终索赔报告。

A.7　　　　　　　　　　　　　　　B.14

C.28　　　　　　　　　　　　　　D.42

【答案】C

【解析】在索赔事件影响结束后28天内,索赔方应向对方递交最终索赔报告。

5.根据《建设项目工程总承包合同（示范文本）》(GF—2020—0216),承包人接受索赔处理结果的,发包人应在作出索赔处理结果答复后( )天内完成支付。

A.7　　　　　　　　　　　　　　　B.14

C.28　　　　　　　　　　　　　　D.42

【答案】C

【解析】承包人接受索赔处理结果的,发包人应在作出索赔处理结果答复后28天内完成支付。

6.根据《建设项目工程总承包合同（示范文本）》(GF—2020—0216),索赔方应在知道或应当知道索赔事件发生后( )天内,向对方递交索赔意向通知书,并说明发生索赔事件的事由。

A.7　　　　　　　　　　　　　　　B.14

C.28　　　　　　　　　　　　　　D.42

【答案】C

【解析】索赔方应在知道或应当知道索赔事件发生后28天内,向对方递交索赔意向通知书,并说明发生索赔事件的事由;索赔方未在前述28天内发出索赔意向通知书的,丧失要求追加/减少付款、延长缺陷责任期和（或）延长工期的权利。

考点85 施工成本计划及分解 ★★

1.按照施工项目成本划分，施工成本不包括（　　）。
A.生产成本　　　B.质量成本　　　C.工期成本　　　D.安全成本
【答案】D
【解析】施工成本按照施工项目成本划分为：生产成本、质量成本、工期成本、不可预见成本（例如罚款等）。

2.成本计划应依据（　　）等原则编制。
A.可行性
B.先进性
C.科学性
D.提前性
E.统一性
【答案】ABCE
【解析】成本计划应依据可行性、先进性、科学性、统一性、适时性等原则编制。

考点86 施工成本分析与控制 ★

1.应当选择价值系数（　　）、降低成本潜力（　　）的工程作为价值工程的对象，寻求对成本的有效降低。
A.低；大　　　B.高；大　　　C.低；小　　　D.高；小
【答案】A
【解析】应当选择价值系数低、降低成本潜力大的工程作为价值工程的对象，寻求对成本的有效降低。

2.当成本偏差CV为正值时，表示项目运行（　　），实际成本（　　）预算成本。
A.节支；超出
B.超支；超出
C.节支；没有超出
D.超支；没有超出
【答案】C
【解析】当成本偏差CV为负值时，即表示项目运行超出预算成本；当成本偏差CV为正值时，表示项目运行节支，实际成本没有超出预算成本。

考点87 施工成本管理 ★

1.对于管理绩效评价指标，以下说法错误的是（　　）。
A.劳动生产率=工程承包价格÷工程实际耗用工日数
B.单方用工=实际工程量÷实际用工数（工日）

C.劳动效率=计划用工（工日）÷实际用工（工日）

D.节约工日=计划用工（工日）−实际用工（工日）

【答案】B

【解析】单方用工=实际用工数（工日）÷实际工程量。

2.施工项目成本考核的内容包括（　　）。

A.项目施工目标成本和阶段性成本目标的完成情况

B.成本计划的评估情况

C.建立以项目经理为核心的成本责任制落实情况

D.施工成本核算的科学性、前瞻性

E.对各部门、岗位的责任成本的检查和考核情况

【答案】ACE

【解析】企业对项目经理进行考核，项目经理对各部门及管理人员进行考核，考核内容有：①项目施工目标成本和阶段性成本目标的完成情况。②建立以项目经理为核心的成本责任制落实情况。③成本计划的编制和落实情况。④对各部门、岗位的责任成本的检查和考核情况。⑤施工成本核算的真实性、符合性。⑥考核兑现。

专题练习

【案例1】

某开发商拟建一城市综合体项目，预计总投资15亿元，发包方式采用施工总承包。中标后，双方依据《建设工程工程量清单计价规范》（GB 50500—2013），对工程量清单编制方法等强制性规定进行了确认，对工程造价进行了全面审核。

【问题】对总包合同实施管理的原则有哪些？

答题区

参考答案

原则包括：依法履约原则、诚实信用原则、全面履行原则、协调合作原则、维护权益原则、动态管理原则。

【案例2】

项目部材料管理制度要求对物资采购合同的标的、价格、结算、特殊要求等条款加强重点管理。其中，对合同标的的管理要包括物资的名称、花色、技术标准、质量要求等内容。

【问题】物资采购合同重点管理的条款还有哪些？物资采购合同标的包括的主要内容还有哪些？

答题区

参考答案

（1）条款还包括：数量、包装、运输方式、违约责任。
（2）内容还有：品种、型号、规格、等级等。

【案例3】

建设单位发布某新建工程招标文件，部分条款为：发包范围为土建、水电、通风、消防、装饰等工程，实行施工总承包管理。施工总承包单位签订物资采购合同，购买800mm×800mm的地砖3900块，合同标的规定了地砖的名称、等级、技术标准等内容。

【问题】施工企业除施工总承包合同外,还可能签订哪些与工程相关的合同?物资采购合同中的标的内容还有哪些?

参考答案

(1)分包合同、劳务合同、采购合同、租赁合同、借款合同、担保合同、咨询合同、保险合同等。

(2)品种、型号、规格、花色或质量要求。

【案例4】

A施工单位与建设单位签订了施工总承包合同,合同约定:除主体结构外的其他分部分项工程施工,总承包单位可以自行依法分包;建设单位负责供应油漆等部分材料。

由于工期较紧,A施工单位将其中两栋单体建筑的室内精装修和幕墙工程分包给具备相应资质的B施工单位。B施工单位经A施工单位同意后,将其承包范围内的幕墙工程分包给具备相应资质的C施工单位组织施工,油漆劳务作业分包给具有相应资质的D施工单位组织施工。

【问题】分别判断A施工单位、B施工单位、C施工单位、D施工单位之间的分包行为是否合法,并说明理由。

参考答案

①A施工单位将室内精装修和幕墙工程分包给B施工单位合法。

理由：合同约定，除主体结构外的其他分部分项工程施工，总承包单位可以自行依法分包。

②B施工单位将幕墙工程分包给C施工单位不合法。

理由：分包工程不得再分包。

③B施工单位将油漆劳务作业分包给D施工单位合法。

理由：总承包单位和专业承包单位可以将所承担部分工程以劳务作业方式分包给具备相应资质和能力的劳务分包单位。

【案例5】

某施工企业参加一建设项目投标，企业根据招标文件、工程量清单及其补充通知、答疑纪要、与建设项目相关的标准、规范等技术资料编制了投标文件。在工程合同签订前，企业合约部召集本企业的工程、技术、劳务、资金、财务等部门进行评审，确认了合同与招标、投标文件包含的合同内容、计价方式、工期等一致性。

【问题】工程量清单计价的特点是什么？投标报价的编制依据还有哪些？一致性内容还有哪些？

答题区

参考答案

（1）强制性、统一性、完整性、规范性、竞争性、法定性。

（2）①《建设工程工程量清单计价规范》（GB 50500—2013）。

②国家或省级、行业建设主管部门颁发的计价办法。

③企业定额，国家或省级、行业建设主管部门颁发的计价定额。

④建设工程设计文件及相关资料。

⑤施工现场情况、工程特点及拟定的投标施工组织设计或施工方案。

⑥市场价格信息或工程造价管理机构发布的工程造价信息。

⑦其他的相关资料。

（3）承包范围、造价、质量要求等。

【案例6】

竣工结算时，总包单位提出的索赔事项包括：本工程设计采用了某种新材料，总包单位为此支付给检测单位检验试验费4.60万元，要求开发商承担。

【问题】总包单位提出的索赔是否成立？并说明理由。

答题区

参考答案

（1）4.60万元的费用索赔成立。

（2）理由：新材料的试验费属于开发商应当承担的费用，因此费用索赔成立。

【案例7】

建设单位对一关键线路上的工序内容提出修改，由设计单位发出设计变更通知，为此造成工程停工10天。施工单位对此提出索赔，索赔的具体事项如下：

（1）按当地造价部门发布的工资标准计算停窝工人工费8.5万元。

（2）塔吊等机械停窝工台班费5.1万元。

（3）索赔工期10天。

【问题】 办理设计变更的步骤有哪些？施工单位的索赔是否成立？说明理由。

参考答案

（1）办理设计变更的步骤有：提出设计变更，由建设单位、设计单位、施工单位协商，经由设计部门确认，发出相应图纸或说明，并办理签发手续后实施。

（2）①工期索赔10天成立。

理由：建设单位提出设计变更属于建设单位原因，由此造成的工期延误应当顺延，索赔成立。

②8.5万元的费用索赔不成立。

理由：人员窝工费应按照合同约定的费用计算，不能按照当地造价部门发布的工资标准计算。

③5.1万元的费用索赔不成立。

理由：塔吊等机械应该按照租赁费或摊销费计算，不能按照台班费计算。

【提示】 由业主或非施工单位的原因造成的停工、窝工，业主只负责停窝工人工费补偿标准，而不是当地造价部门颁布的工资标准；机械停窝工费用也只按照租赁费或摊销费（折旧费）计算，而不是机械台班费。

【案例8】

措施费为分部分项工程费的16%，安全文明施工费为分部分项工程费的6%。其他项目费用：暂列金额100万元；分包专业工程暂估价为200万元，另计总包服务费5%。规费费率为2.05%，增值税率为9%。分部分项工程费见表7-1。

表7-1 分部分项工程费

名称	工程量	综合单价	费用（万元）
A	9000m³	2000元/m³	1800
B	12000m³	2500元/m³	3000
C	15000m²	2200元/m²	3300
D	4000m²	3000元/m²	1200

【问题】 分别计算签约合同价中的项目措施费、安全文明施工费、签约合同价各是多少万元。（计算结果四舍五入取整数）

答题区

参考答案

（1）项目措施费=（1800+3000+3300+1200）×16%=1488（万元）。

（2）安全文明施工费=（1800+3000+3300+1200）×6%=558（万元）。

（3）签约合同价=［（1800+3000+3300+1200）+1488+100+200×（1+5%）］×（1+2.05%）×（1+9%）=12345（万元）。

【提示】 签约合同价=分+措+其+规+税。

【案例9】

某工程的混凝土分项工程量为800m³，其中，混凝土分项工程的人工费为100元/m³，材料费为300元/m³，机械费为50元/m³。管理费为分项工程"人、材、机"之和的10%，利润率为5%。措施费按分部分项工程费的20%计算，规费按3%计算，综合税率为10%。

【问题】 计算该分项工程的综合单价及造价分别是多少元。（保留2位小数）

答题区

参考答案

（1）综合单价：(100+300+50)×(1+10%)×(1+5%)=519.75（元/m³）。

（2）工程造价：800×519.75×(1+20%)×(1+3%)×(1+10%)=565321.68（元）。

【案例10】

工作B（特种混凝土工程）进行1个月后，因建设单位原因修改设计导致停工2个月。设计变更后，施工总承包单位及时向监理工程师提出了费用索赔申请（如表7-2所示）。索赔内容和数量经监理工程师审查，符合实际情况。

表7-2 费用索赔申请一览表

序号	内容	数量	计算式	备注
1	新增特种混凝土工程费	500m³	500×1050=525000（元）	综合单价1050元/m³
2	机械设备闲置补偿	60台班	60×210=12600（元）	台班费210元/台班
3	人工窝工费补偿	1600工日	1600×85=136000（元）	人工工日单价85元/工日

【问题】费用索赔申请一览表中有哪些不妥之处？分别说明理由。

参考答案

（1）不妥之处1：索赔机械费按台班费计算。

理由：机械设备的闲置补偿，租赁设备按照租赁费计算，自有设备按照机械折旧费计算。

（2）不妥之处2：索赔按人工工日单价补偿计算。

理由：人工窝工费补偿，应该按合同中约定的窝工费补偿（窝工工日单价）计算，不能按照人工工日单价计算。

【提示】由业主或非施工单位的原因造成的停工、窝工，业主只负责停窝工人工费补偿标准，而不是当地造价部门颁布的工资标准；机械停窝工费用也只按照租赁费或摊销费（折旧费）计算，而不是机械台班费。

【案例11】

2013年6月28日,施工总承包单位编制了项目管理实施规划。其中:项目成本目标为21620万元,项目现金流量表如表7-3所示。

表7-3 项目现金流量表   单位:万元

	1	2	3	4	5	6	7	8	9	10	...
月度完成工作量	450	1200	2600	2500	2400	2400	2500	2600	2700	2800	...
现金流入	315	840	1820	1750	1680	1680	1750	2210	2295	2380	...
现金流出	520	980	2200	2120	1500	1200	1400	1700	1500	2100	...
月净现金流量											
累计净现金流量											

【问题】施工至第几个月时项目的累计净现金流为正?该月的累计净现金流是多少万元?

参考答案

(1)施工至第8个月时累计净现金流量为正。

(2)该月累计净现金流量是425万元。

【提示】现金流量表如表7-4所示:

表7-4 项目现金流量表   单位:万元

	1	2	3	4	5	6	7	8	9	10	...
月度完成工作量	450	1200	2600	2500	2400	2400	2500	2600	2700	2800	...
现金流入	315	840	1820	1750	1680	1680	1750	2210	2295	2380	...
现金流出	520	980	2200	2120	1500	1200	1400	1700	1500	2100	...
月净现金流量	−205	−140	−380	−370	180	480	350	510	795	280	
累积净现金流量	−205	−345	−725	−1095	−915	−435	−85	425	1220	1500	

【案例12】

展览馆项目设计图纸已齐全，结构造型简单，且施工单位熟悉周边环境及现场条件，甲、乙双方协商采用固定总价计价模式签订施工承包合同。

【问题】该工程采用固定总价合同是否妥当？给出固定总价合同模式适用的条件。除背景中固定总价合同模式外，常用的合同计价模式还有哪些？（至少列出三项）

答题区

参考答案

（1）妥当。

（2）固定总价本合同模式适用的条件为：规模小、技术难度小、图纸设计完整、工期短（1年内）。

（3）常用的合同计价模式还有：①可调总价合同。②固定单价合同。③可调单价合同。④成本加酬金合同。

【案例13】

某砼工程招标工程量为900m³，综合单价为350元/m³。在施工过程中，由于设计变更导致实际完成工程量为1150m³。合同约定，当实际完成工程量增加超过15%时，超出部分的调价系数为0.9。

【问题】该混凝土工程实际结算的工程款是多少元？（保留2位小数）

答题区

参考答案

900×1.15×350+（1150-900×1.15）×350×0.9=398475.00（元）。

【案例14】

施工中，建设单位对某特殊涂料的使用范围提出了设计变更。经三方核实，已标价工程量清单中该涂料项目综合单价由35.68元/m³调整为30.68元/m³，工程量由165m³调整为236m³。工程竣工后，承包商按合同约定及时办理了工程结算书，合同价款调整包括误期赔偿、暂列金额、暂估价、工程量偏差、物价变化、施工索赔、发承包双方约定的其他调整事项。

【问题】特殊涂料变更后的费用是多少？费用增加了多少？工程价款的调整还有哪些因素？

参考答案

（1）165×（1+15%）×35.68+［236-165×（1+15%）］×30.68=8189.23（元）。

（2）费用增加：8189.23-（165×35.68）=2302.03（元）。

（3）法律法规变化、工程设计变更、项目特征描述不符、工程量清单缺项、计日工、现场签证、不可抗力、提前竣工（赶工补偿）。

【案例15】

施工中，项目部及时提出了以下索赔事项：

（1）因建设单位未及时交付设计图纸造成工程停工9天。为此，项目部索赔工期9天，现场管理人员工资、奖金共16万元，现场工人窝工补偿费9万元。

（2）因建设单位延迟30天支付进度款1000万元，项目部按约定利率索赔利息4.9万元。

（3）项目部办公室发生2次位置变动索赔重建费用6万元。

【问题】 分别判断索赔事项是否成立，并说明理由。

答题区

参考答案

（1）索赔事项（1）不成立。

理由：建设单位未及时交付设计图纸属于建设单位的责任。索赔工期9天成立，现场工人窝工补偿费9万元成立；但现场管理人员工资、奖金16万元的索赔不成立。

（2）索赔事项（2）成立。

理由：建设单位延迟30天支付进度款属于建设单位的责任，所以按约定利率索赔利息4.9万元成立。

（3）索赔事项（3）不成立。

理由：项目部办公室发生2次位置变动属于承包商应承担的责任，该费用已经包括在工程造价中措施费里的临时设施费中，所以索赔重建费用6万元不成立。

【提示】 索赔是指在建筑工程施工合同履行过程中，无过错的一方要求存在过错的一方承担所造成的实际损失的情况。

【案例16】

在施工过程中，该工程所在地连续下了6天特大暴雨（超过了当地近10年来季节的最大降雨量）。洪水泛滥，给建设单位和施工单位造成了较大的经济损失。施工单位认为这些损失是由特大暴雨（不可抗力事件）造成的，提出下列索赔要求（以下索赔数据与实际情况相符）：

（1）工程清理、恢复费用18万元。

（2）施工机械设备重新购置和修理费用29万元。

（3）人员伤亡善后费用62万元。

（4）工期顺延6天。

【问题】分别指出施工单位的索赔要求是否成立，说明理由。

答题区

参考答案

（1）工程清理、恢复费用18万元的索赔要求成立。

理由：不可抗力事件发生后，工程所需的清理、修复费用，由发包人承担。

（2）施工机械设备重新购置和修理费用29万元的索赔要求不成立。

理由：不可抗力事件发生后，承包人机械设备损伤及停工损失，由承包人承担。

（3）人员伤亡善后费用62万元的索赔要求不成立。

理由：发包人、承包人人员伤亡由其所在单位负责，并承担相应费用。

（4）工期顺延6天的索赔要求成立。

理由：不可抗力事件发生后，延误的工期相应顺延。

【案例17】

建设单位编制了招标文件，其中部分条款内容为：开工前业主向承包商支付合同工程造价的25%作为预付备料款；保修金为总价的3%。经公开招投标，某施工总承包单位以12500万元中标。其中：工地总成本9200万元，公司管理费按10%计算，利润按5%计算，暂列金额1000万元，主要材料及构配件金额占合同额的70%。

【问题】该工程预付备料款和起扣点分别是多少万元？（保留2位小数）

答题区

参考答案

（1）预付备料款 $M=(12500-1000)\times 25\%=2875.00$（万元）。

（2）起扣点 $T=P-M/N=(12500-1000)-2875\div 70\%=7392.86$（万元）。

【案例18】

某工程合同总造价为14250万元。合同中约定，根据人工费和四项主要的材料和价格指数，对总造价按调值公式法进行调整。各调值因素的比重、基准和现行价格指数表如表7-5所示：

表7-5 各调值因素的比重、基准和现行价格指数表

可调项目	人工费	材料1	材料2	材料3	材料4
因素比重	0.15	0.30	0.12	0.15	0.08
基期价格指数	0.99	1.01	0.99	0.96	0.78
现行价格指数	1.12	1.16	0.85	0.80	1.05

【问题】列式计算经调整后的实际计算价款为多少万元。（保留2位小数）

参考答案

固定部分 $a_0=1-(0.15+0.30+0.12+0.15+0.08)=0.2$

$P=P_0(a_0+a_1A/A_0+a_2B/B_0+a_3C/C_0+a_4D/D_0)$

$=14250\times(0.2+0.15\times 1.12\div 0.99+0.30\times 1.16\div 1.01+0.12\times 0.85\div 0.99+0.15\times 0.80\div 0.96+0.08\times 1.05\div 0.78)$

$=14962.13$（万元）

【案例19】

建设单位投资酒店工程，招标控制价为1.056亿元，最终D施工单位以9900万元中标。通过分析中标价得知，期间费用为642万元，利润为891万元，增值税为990万元。

【问题】分别按照制造成本法、完全成本法计算该工程的施工成本。按照工程的施工成本费用目标划分，施工成本有哪几类？（保留2位小数）

答题区

参考答案

（1）制造成本法：9900.00-642.00-891.00-990.00=7377.00（万元）。

完全成本法：9900.00-891.00-990.00=8019.00（万元）。

（2）按成本的费用目标划分为：生产成本、质量成本、工期成本、不可预见成本（例如罚款等）。

【案例20】

甲公司投资建造一座电池厂，乙公司中标，合同价2800万元。双方合同约定，甲公司按合同价的10%向乙公司支付工程预付款。乙公司以合同价为基数，以2%目标利润率预测目标成本，并向工程直接成本和间接成本进行成本分解。

【问题】乙公司向甲公司提供的预付款保函额度是多少万元？乙公司项目目标成本是多少万元？

答题区

参考答案

（1）预付款保函额度=2800×10%=280（万元）。

（2）目标成本=2800×（1-2%）=2744（万元）。

专题八 安全与防护

导图框架

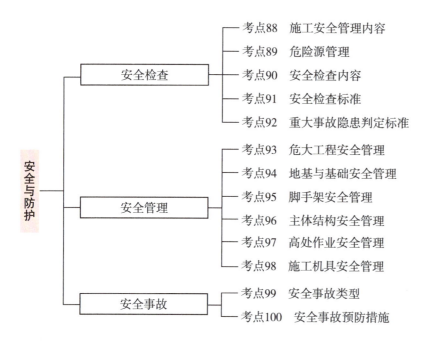

专题雷达图

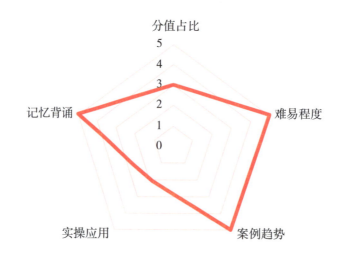

分值占比：为案例题的考查内容之一，历年平均分值在15分左右；注安增加建筑专业后其分值比重在下降。

难易程度：本专题难度较大，涉及的数据多，文字规定也多，且记忆背诵量大。

案例趋势：案例必考专题，主要考查问答题、纠错题等，一般出现在案例一或案例五中。

实操应用：涉及实操较少，理论规定居多。

记忆背诵：记忆背诵量大。例如，危大工程的范围数据多，安全管理、检查的规定多。

考点练习

考点88 施工安全管理内容★★

1.施工企业新上岗操作工人必须进行岗前教育培训，教育培训内容不包括（　　）。

A.安全生产法律法规和规章制度

B.违章指挥、违章作业、违反劳动纪律产生的后果

C.针对性的安全防护措施

D.先进的安全生产技术和管理经验

【答案】D

【解析】施工企业新上岗操作工人必须进行岗前教育培训，教育培训应包括下列内容：①安全生产法律法规和规章制度。②安全操作规程。③针对性的安全防护措施。④违章指挥、违章作业、违反劳动纪律产生的后果。⑤预防、减少安全风险以及紧急情况下应急救援的基本知识、方法和措施。

2.施工企业对分包单位的安全生产管理应符合的要求有（　　）。

A.选择合法的分包（供）单位

B.与分包（供）单位签订安全协议，明确安全责任和义务

C.对分包单位施工过程的安全生产实施检查和考核

D.及时清退不符合安全生产要求的分包（供）单位

E.及时为分包方提供施工场地

【答案】ABCD

【解析】施工企业对分包单位的安全生产管理应符合下列要求：①选择合法的分包（供）单位。②与分包（供）单位签订安全协议，明确安全责任和义务。③对分包单位施工过程的安全生产实施检查和考核。④及时清退不符合安全生产要求的分包（供）单位。⑤分包工程竣工后对分包（供）单位安全生产能力评价。

3.根据《企业安全生产费用提取和使用管理办法》（财资〔2022〕136号），房屋建筑工程提取企业安全生产费用的标准为建筑安装工程造价的（   ）。

　　A.1%　　　　　　　　B.2%　　　　　　　　C.3%　　　　　　　　D.5%

【答案】C

【解析】建设工程施工企业以建筑安装工程造价为依据，于月末按工程进度计算提取企业安全生产费用，房屋建筑工程提取标准为3%。

考点89　危险源管理★

1.第二类危险源决定了事故发生的可能性，它出现得越频繁，发生事故的可能性越大。下列属于第二类危险源的是（   ）。

　　A.炸药　　　　　　　B.旋转的飞轮　　　　C.奔驰的车辆　　　　D.不戴安全帽

【答案】D

【解析】第一类危险源是能量和危险物质的存在是危害产生的最根本原因，通常把可能发生意外释放的能量或危害物质称作第一类危险。造成约束、限制能量和危险物质措施失控的各种不安全因素称为第二类危险源，第二类危险源主要体现在设备故障或缺陷、人为失误和管理缺陷等几个方面。

2.下列属于危险源辨识方法的有（   ）。

　　A.头脑风暴法　　　　　　　　　　　　　B.现场调查法

　　C.安全检查表法　　　　　　　　　　　　D.德尔菲法

　　E.指标对比分析法

【答案】ABCD

【解析】危险源辨识方法有：专家调查法、头脑风暴法、德尔菲法、现场调查法、工作任务分析法、安全检查表法、危险与可操作性研究法、事件树分析法和故障树分析法。

考点90　安全检查内容★★

1.下列不属于建筑工程施工安全检查内容的是（   ）。

　　A.查安全思想　　　　B.查安全制度　　　　C.查安全措施　　　　D.查整改措施

【答案】D

【解析】建筑工程施工安全检查主要包括：查安全思想、查安全责任、查安全制度、查教育培训、查操作行为、查安全措施、查安全防护、查劳动防护用品使用、查设备设施和查伤亡事故处理等。

2.施工现场安全检查后应对隐患整改情况进行跟踪复查，查被检单位是否按（   ）原则落实整改。

　　A.定人　　　　　　　　　　　　　　　　B.定期限

C.定措施　　　　　　　　　　　　　D.定经费

E.定组织

【答案】ABC

【解析】检查后应对隐患整改情况进行跟踪复查，查被检单位是否按"三定"原则（定人、定期限、定措施）落实整改，经复查整改合格后，进行销案。

考点91　安全检查标准★★★

1.《建筑施工安全检查标准》（JGJ 59—2011）规定，合格的标准是（　　）。

A.分项检查评分表无零分，汇总表得分值应在80分及以上

B.分项检查评分表得零分，汇总表得分值不足70分

C.分项检查评分表无零分，汇总表得分值应在80分以下，70分及以上

D.分项检查评分表无零分，汇总表得分值应在85分及以上

【答案】C

【解析】建筑施工安全检查评定的等级划分应符合下列规定：①优良：分项检查评分表无零分，汇总表得分值应在80分及以上。②合格：分项检查评分表无零分，汇总表得分值应在80分以下，70分及以上。③不合格：当汇总表得分值不足70分时；当有一分项检查评分表得零分时。

2.以下属于建筑施工安全文明施工检查评定保证项目的是（　　）。

A.公示标牌　　　　　　　　　　　　B.社区服务

C.生活设施　　　　　　　　　　　　D.现场围挡

【答案】D

【解析】建筑施工安全文明施工检查评定保证项目有：现场围挡、封闭管理、施工场地、材料管理、现场办公与住宿、现场防火。一般项目有：综合治理、公示标牌、生活设施、社区服务。

3.下列不属于《基坑工程检查评分表》中保证项目的是（　　）。

A.施工方案　　　　　B.安全防护　　　　　C.基坑支护　　　　　D.基坑监测

【答案】D

【解析】《基坑工程检查评分表》检查评定保证项目包括：施工方案、基坑支护、降排水、基坑开挖、坑边荷载、安全防护。一般项目包括：基坑监测、支撑拆除、作业环境、应急预案。

考点92　重大事故隐患判定标准★

1.施工安全管理有下列（　　）情形的，判定为重大事故隐患。

A.电工未取得相应操作资格证书上岗作业

B.架子工未取得相应操作资格证书上岗作业

C.钢筋工未取得相应操作资格证书上岗作业

D.电焊工未取得相应操作资格证书上岗作业

E.起重信号工未取得相应操作资格证书上岗作业

【答案】ABDE

【解析】建筑施工特种作业人员未取得特种作业人员操作资格证书上岗作业，判定为重大事故隐患。钢筋工不属于建筑施工特种作业人员。

2.下列不属于重大事故隐患的是（   ）。

A.施工单位项目负责人未取得安全生产考核合格证书而从事相关管理工作

B.脚手架未设置抛撑

C.脚手架未设置连墙件

D.模板支架承受的施工荷载超过设计值

【答案】B

【解析】脚手架工程有下列情形之一的，判定为重大事故隐患：①脚手架工程的地基基础承载力和变形不满足设计要求。②未设置连墙件或连墙件整层缺失。③附着式升降脚手架未经验收合格即投入使用。④附着式升降脚手架的防倾覆、防坠落或同步升降控制装置不符合设计要求、失效、被人为拆除破坏。⑤附着式升降脚手架使用过程中架体悬臂高度大于架体高度的2/5或大于6m。A选项是施工安全管理判定为重大事故隐患的情形。C选项是脚手架工程判定为重大事故隐患的情形。D选项是模板工程判定为重大事故隐患的情形。

考点93 危大工程安全管理★★★

1.下列属于超过一定规模的危险性较大的分部分项工程的是（   ）。

A.开挖深度3m的基（槽）坑的土方开挖、支护、降水工程

B.搭设高度5m的混凝土模板支撑工程

C.搭设高度64m的落地式钢管脚手架工程

D.分段架体搭设高度8m的悬挑式脚手架工程

【答案】C

【解析】A选项错误，开挖深度超过5m（含5m）的基坑（槽）的土方开挖、支护、降水工程。B选项错误，搭设高度8m及以上，或搭设跨度18m及以上，或施工总荷载（设计值）15kN/m²及以上，或集中线荷载（设计值）20kN/m及以上的混凝土模板支撑工程。C选项正确，搭设高度50m及以上的落地式钢管脚手架工程。D选项错误，分段架体搭设高度20m及以上的悬挑式脚手架工程。

2.某工程施工期间，施工单位在施工现场显著位置对危险性较大的分部分项工程进行公告。下列分部分

项工程中，属于超过一定规模的危险性较大的分部分项工程的是（   ）。

A.施工高度40m的建筑幕墙安装工程

B.跨度30m的网架和索膜结构安装工程

C.提升高度90m的附着式升降脚手架工程

D.开挖深度18m的人工挖孔桩工程

【答案】D

【解析】A选项错误，施工高度50m及以上的建筑幕墙安装工程。B选项错误，跨度60m及以上的网架和索膜结构安装工程。C选项错误，提升高度在150m及以上的附着式升降脚手架工程或附着式升降操作平台工程。D选项正确，开挖深度16m及以上的人工挖孔桩工程。

3.需要进行专家论证的危险性较大的分部分项工程的有（   ）。

A.开挖深度6m的基坑工程

B.搭设跨度15m的模板支撑工程

C.双机抬吊单件起重量为150kN的起重吊装工程

D.搭设高度40m的落地式钢管脚手架工程

E.施工高度60m的建筑幕墙安装工程

【答案】ACE

【解析】A选项正确，开挖深度超过5m（含5m）的基坑（槽）的土方开挖、支护、降水工程。B选项错误，搭设高度8m及以上，或搭设跨度18m及以上，或施工总荷载（设计值）15kN/m²及以上，或集中线荷载（设计值）20kN/m及以上的混凝土模板支撑工程。C选项正确，采用非常规起重设备、方法，且单件起吊重量在100kN及以上的起重吊装工程。D选项错误，搭设高度50m及以上的落地式钢管脚手架工程。E选项正确，施工高度50m及以上的建筑幕墙安装工程。

4.危险性较大的分部分项工程需要进行专家论证的主要内容有（   ）。

A.专项方案内容是否完整、可行

B.专项方案计算书和验算依据、施工图是否符合有关标准规范

C.专项施工方案是否满足现场实际情况，并能够确保施工安全

D.专项方案的经济性

E.分包单位资质是否满足要求

【答案】ABC

【解析】专家论证的主要内容：①专项方案内容是否完整、可行。②专项方案计算书和验算依据、施工图是否符合有关标准规范。③专项施工方案是否满足现场实际情况，并能够确保施工安全。

5.根据《危险性较大的分部分项工程安全管理办法》（建质〔2009〕87号），不得作为专家论证会专家组成员的有（   ）。

A.建设单位项目负责人　　　　　　　　B.总监理工程师

C.项目设计技术负责人　　　　　　　D.项目专职安全生产管理人员

E.与项目无关的某大学相关专业教授

【答案】ABCD

【解析】专家组成员应当由5名及以上符合相关专业要求的专家组成，本项目参建各方人员不得以专家身份参加专家论证会。

考点94　地基与基础安全管理★

1.基坑（槽）开挖时，多台机械开挖，挖土机间距应大于（　　）。

A.2.5m　　　　　　B.5m　　　　　　C.10m　　　　　　D.20m

【答案】C

【解析】基坑（槽）开挖时，两人操作间距应＞2.5m。多台机械开挖，挖土机间距应＞10m。

2.下列关于基坑（槽）土方开挖安全技术措施的说法中，错误的是（　　）。

A.挖土应由上而下，逐层进行，严禁先挖坡脚或逆坡挖土

B.在有支撑的基坑（槽）中使用机械挖土时，应采取防止碰撞支护结构、工程桩或扰动基底原土的措施

C.在拆除护壁支撑时，应按照回填顺序，从上而下逐步拆除

D.更换护壁支撑时，必须先安装新的，再拆除旧的

【答案】C

【解析】在拆除护壁支撑时，应按照回填顺序，从下而上逐步拆除。

考点95　脚手架安全管理★

1.某房屋建筑工程主体结构封顶后，需对扣件式钢管双排脚手架进行拆除。下列关于脚手架拆除作业的做法中，正确的是（　　）。

A.拆除连墙件时，一次性拆除两层

B.划出拆除警戒区设专人看护后，上下同时进行拆除作业

C.按照"先内后外"的顺序拆除同层杆件和构件

D.按照"后装先拆、先装后拆"的原则，进行拆除作业

【答案】D

【解析】A选项错误，作业脚手架连墙件必须随架体逐层拆除，严禁先将连墙件整层或数层拆除后再拆架体。拆除作业过程中，当架体的自由端高度超过2个步距时，必须采取临时拉结措施。B选项错误，架体的拆除应从上而下逐层进行，严禁上下同时作业。C选项错误，同层杆件和构配件必须按先外后内的顺序拆除。

2.对于脚手架及其地基基础,应进行检查和验收的情况有( )。

A.首层水平杆搭设后　　　　　　　　　B.悬挑脚手架悬挑结构搭设固定前

C.搭设支撑脚手架,高度每2~4步或不大于6m　　D.基础完工后及脚手架搭设后

E.作业脚手架每搭设一个楼层高度

【答案】ACE

【解析】脚手架搭设过程中,应在下列阶段进行检查,检查合格后方可使用;不合格应进行整改,整改合格后方可使用:①基础完工后及脚手架搭设前。②首层水平杆搭设后。③作业脚手架每搭设一个楼层高度。④悬挑脚手架悬挑结构搭设固定后。⑤搭设支撑脚手架,高度每2~4步或不大于6m。

考点96　主体结构安全管理★★

1.现浇混凝土工程安全控制的主要内容包括( )。

A.模板支撑系统设计　　　　　　　　　B.模板支拆施工安全

C.混凝土浇筑高处作业安全　　　　　　D.混凝土浇筑用电防水安全

E.混凝土浇筑设备使用安全

【答案】ABCE

【解析】现浇混凝土工程安全控制的主要内容:①模板支撑系统设计。②模板支拆施工安全。③混凝土浇筑高处作业安全。④混凝土浇筑设备使用安全。

2.下列关于模板拆除要求的说法中,错误的是( )。

A.先支后拆、后支先拆

B.先拆非承重模板、后拆承重模板及支架

C.从下而上进行拆除

D.当混凝土强度能保证其表面及棱角不受损伤时,方可拆除侧模

【答案】C

【解析】C选项错误,模板设计无要求时,可按:先上后下,先支的后拆,后支的先拆,先拆非承重的模板,后拆承重的模板及支架的顺序进行。

考点97　高处作业安全管理★★

1.施工现场高处作业时应在临空一侧设置防护栏杆,防护栏杆由横杆、立杆及挡脚板等组成。根据《建筑施工高处作业安全技术规范》(JGJ 80—2016),当防护栏杆采用两道横杆时,上杆距地面高度应为( )。

A.1.0m　　　　　　B.1.1m　　　　　　C.1.2m　　　　　　D.1.5m

【答案】C

【解析】临边作业的防护栏杆应由横杆、立杆及挡脚板组成，防护栏杆应符合下列规定：①防护栏杆应为两道横杆，上杆距地面高度应为1.2m，下杆应在上杆和挡脚板中间设置。②当防护栏杆高度大于1.2m时，应增设横杆，横杆间距不应大于600mm。③防护栏杆立杆间距不应大于2m。④挡脚板高度不应小于180mm。

2.电梯井口应设置防护门，其高度不应小于（　　）m，防护门底端距地面高度不应大于（　　）mm，并应设置挡脚板。

A.1.5；80　　　　B.1.8；50　　　　C.1.5；50　　　　D.1.8；80

【答案】C

【解析】电梯井口应设置防护门，其高度不应小于1.5m，防护门底端距地面高度不应大于50mm，并应设置挡脚板。

考点98　施工机具安全管理★★

1.下列塔式起重机不属于严禁使用情形的是（　　）。

A.国家明令淘汰　　　　　　　　B.超过规定使用年限

C.不符合国家现行相关标准　　　　D.没有完整安全技术档案

【答案】B

【解析】有下列情况之一的塔式起重机严禁使用：①国家明令淘汰的产品。②超过规定使用年限经评估不合格的产品。③不符合国家现行相关标准的产品。④没有完整安全技术档案的产品。

2.塔式起重机的主要安全防护装置不包括（　　）。

A.回转限位器　　　　　　　　B.安全阀

C.起重量限制器　　　　　　　　D.力矩限制器

【答案】B

【解析】塔式起重机的主要安全防护装置包括行程限位器（包括起升高度限位器、回转限位器、幅度限位器、行走限位器）、起重量限制器、力矩限制器等。

考点99　安全事故类型★

1.建筑安全生产事故按事故严重程度可分为（　　）。

A.轻伤事故　　　　　　　　B.重伤事故

C.较大事故　　　　　　　　D.死亡事故

E.一般事故

【答案】ABD

【解析】按事故严重程度分类，可以分为轻伤事故、重伤事故和死亡事故三类。

2.下列不属于事故调查报告的内容的是（　　）。

A.事故发生单位概况

B.事故造成的人员伤亡和间接经济损失

C.事故防范和整改措施

D.事故责任的认定以及对事故责任者的处理建议

【答案】B

【解析】事故调查报告应当包括事故发生单位概况、事故发生经过和事故救援情况、事故造成的人员伤亡和直接经济损失、事故发生的原因和事故性质、事故责任的认定以及对事故责任者的处理建议、事故防范和整改措施。

考点100　安全事故预防措施★★

1.下列关于预防高处坠落事故的安全要求中，错误的是（　　）。

A.攀登作业前，应对作业人员进行安全技术交底

B.通道附近的洞口，应悬挂安全警示标志，夜间设红灯警示

C.高处作业前，应对安全防护设施进行验收，合格后方可进行作业

D.在移动式操作平台移动时，其上人员应佩戴好安全带

【答案】D

【解析】移动式操作平台移动时以及悬挑式操作平台调运或安装时，平台上不得站人。

2.下列关于预防高处坠落事故的安全要求中，错误的是（　　）。

A.攀登作业前，应对作业人员进行安全技术交底

B.通道附近的洞口，应悬挂安全警示标志，夜间设红灯警示

C.高处作业前，应对安全防护设施进行验收，合格后方可进行作业

D.脚手架搭设时，作业人员应佩戴三点式安全带，并按规定正确使用

【答案】D

【解析】脚手架搭设时，作业人员应佩戴五点式安全带，并按规定正确使用。

3.某施工现场进行落地式外脚手架搭设作业，作业高度45m，在脚手架搭设下方设置了警戒隔离区域。警戒隔离区距架体外侧的距离至少应为（　　）。

A.3m　　　　　　　　B.4m　　　　　　　　C.5m　　　　　　　　D.6m

【答案】D

【解析】交叉作业时，下层作业位置应处于上层作业的坠落半径之外，交叉作业影响半径见表8-1所示。

表8-1 交叉作业影响半径

上层作业高度h_b（m）	坠落半径（m）
$2 \leq h \leq 5$	3
$5 < h \leq 15$	4
$15 < h \leq 30$	5
$h > 30$	6

4.下列关于保证基坑安全的做法中，错误的是（　　）。

A.雨季施工期间在坑顶、坑底采取有效的截排水措施

B.发生暴雨、台风等灾害天气后，及时对基坑安全进行现场检查

C.基坑周边原有建筑物设监测点，安排专人负责监测

D.基坑支护结构构件强度达到设计要求的70%开挖下层土方

【答案】D

【解析】基坑开挖面上方的锚杆、土钉、支撑等支护结构必须在达到设计要求的强度后方可开挖下层土方，严禁提前开挖和超挖。

5.根据《建筑机械使用安全技术规程》（JGJ 33—2012），关于土方机械安全使用的说法，错误的是（　　）。

A.雨季施工时，土方机械应停在地势较低的坚实位置

B.机械作业时，配合清底、修坡等人员，应在机械回转半径以外作业

C.作业前应检查施工现场，查明地上、地下管线和构筑物的状况

D.土方机械进入现场前，应查明行驶线路上桥梁、涵洞的承载能力和通行高度

【答案】A

【解析】雨季施工时，土方机械应停在地势较高的坚实位置。

专题练习

【案例1】

某单体工程会议室主梁跨度为10.5m，截面尺寸（$b \times h$）为450mm×900mm。施工单位按规定编制了模板工程专项方案。

【问题】该专项方案是否需要组织专家论证？该梁跨中底模的最小起拱高度、跨中混凝土浇筑高度分别是多少？（单位：mm）

参考答案

（1）不需要组织专家论证。

（2）底模最小起拱高度为10.5mm，混凝土浇筑高度为900mm。

【案例2】

施工中，施工员对气割作业人员进行安全作业交底，主要内容有：气瓶要防止暴晒；气瓶在楼层内滚动时应设置防震圈；严禁用带油的手套开气瓶；切割时，氧气瓶和乙炔瓶的放置距离不得小于5m，气瓶离明火的距离不得小于8m；作业点离易燃物的距离不小于20m；气瓶内的气体应尽量用完，减少浪费。

【问题】指出施工员安全作业交底中的不妥之处，并写出正确做法。

参考答案

不妥之处1：施工中，施工员对气割作业人员进行安全作业交底。

正确做法：应在施工前进行安全作业交底。

不妥之处2：施工员对气割作业人员进行安全作业交底。

正确做法：应由项目技术负责人进行安全作业交底。

不妥之处3：气瓶在楼层内滚动。

正确做法：气瓶应直立放置，并采取防倾倒措施。

不妥之处4：气瓶离明火的距离不得小于8m。

正确做法：气瓶离明火的距离至少10m。

不妥之处5：作业点离易燃物的距离不小于20m。

正确做法：作业点离易燃物的距离不小于30m。

不妥之处6：气瓶内的气体应尽量用完，减少浪费。

正确做法：气瓶内的气体不能用尽，必须留有剩余压力或重量。

【案例3】

基坑施工前，基坑支护专业施工单位编制了基坑支护专项方案，履行相关审批签字手续后，组织包括总承包单位技术负责人在内的5名专家对该专项方案进行专家论证。总监理工程师提出专家论证组织不妥，要求整改。

【问题】指出专项方案论证的不妥之处。

参考答案

不妥之处1：专家论证会由基坑支护专业施工单位组织召开。

不妥之处2：总承包单位技术负责人以专家身份参加论证会。

【提示】实行施工总承包的由施工总承包单位组织召开专家论证会，与工程有利害关系的人员不得以专家身份参加论证会。

【案例4】

工程由某总承包单位施工，基坑支护由专业分包单位承担。基坑支护施工前，专业分包单位编制了基坑支护专项施工方案。分包单位技术负责人审批签字后报总承包单位备案并直接上报监理单位审查，总监理工程师审核通过。随后，分包单位组织了3名符合相关专业要求的专家及参建各方相关人员召开论证会，形成论证意见："方案采用土钉喷护体系基本可行，需完善基坑监测方案，修改完善后通过。"分包单位按论证意见进行修改后拟按此方案实施，但被建设单位技术负责人以不符合相关规定为由要求整改。

【问题】本项目基坑支护专项施工方案编制到专家论证的过程有何不妥？说明正确做法。

参考答案

不妥之处1：分包单位直接上报监理单位审查。

正确做法：应由总承包单位报监理单位审查。

不妥之处2：只有分包单位技术负责人签字。

正确做法：还应该由总承包单位技术负责人签字。

不妥之处3：专业分包单位针对基坑支护专项方案组织专家论证。

正确做法：应当由施工总承包单位组织专家论证。

不妥之处4：专家组只有3名。

正确做法：专家组成员应当由5名及以上符合相关专业要求的专家组成。

不妥之处5：分包单位按论证意见进行修改后拟按此方案实施。

正确做法：分包单位应当按照专家意见进行修改，并履行有关审核和审查手续后方可实施，修改情况应及时告知专家。

【案例5】

施工单位企业安全管理部门对项目贯彻企业安全生产管理制度情况进行了检查，检查内容有：安全生产教育培训、安全生产技术管理、分包（供）方安全生产管理、安全生产检查和改进等。

【问题】施工企业安全生产管理制度内容还有哪些？

答题区

参考答案

安全费用管理，施工设施、设备及劳动防护用品的安全管理，施工现场安全管理，应急救援管理，生产安全事故管理，安全考核和奖惩等制度。

【案例6】

某新建学校工程，总建筑面积为12.5万m²，由12栋单体建筑组成，其中主要教学楼为钢筋混凝土框架结构，体育馆屋盖为钢结构，合同要求工程达到绿色建筑三星标准。施工单位中标后，与甲方签订合同并组建项目部。

项目部安全检查制度规定了安全检查的主要形式包括：日常巡查、专项检查、经常性安全检查、设备设施安全验收检查等。其中，经常性安全检查方式有专职安全人员每天安全巡检，项目经理等专业人员、作业班组按要求时间进行安全检查等。

项目部在塔吊布置时充分考虑了吊装构件重量、运输和堆放，使用后拆除和运输等因素，按照《建筑工程安全检查标准》（JGJ 59—2011）中"塔式起重机"的载荷限制装置，吊钩、滑轮、卷筒与钢丝绳、验收与使用等保证项目和结构设施等一般项目进行了检查验收。屋盖钢结构施工高处作业安全专项方案规定如下：

（1）钢结构构件宜在地面组装，安全设施一并设置。

（2）坠落高度超过2m的安装使用梯子攀登作业。

（3）施工层搭设的水平通道不设置防护栏杆。

（4）作为水平通道的钢梁一侧两端头设置安全绳。

（5）安全防护采用工具化、定型化设置，防护盖板用黄色和红色标示。

施工单位管理部门在装修阶段对现场施工用电进行专项检查，情况如下：

（1）项目仅按照项目临时用电施工组织设计进行施工用电管理。

（2）现场瓷砖切割机与砂浆搅拌机共用一个开关箱。

（3）主教学楼一开关箱使用插座插头与配电箱连接。

（4）专业电工在断电后对木工加工机械进行检查和清理。

【问题】

1.建设工程施工安全检查的主要形式还有哪些？作业班组安全检查的时间有哪些？

2.施工现场布置塔吊时应考虑的因素还有哪些？安全检查标准中，塔式起重机的一般项目有哪些？

3.指出钢结构施工高处作业安全防护方案中的不妥之处，并写出正确做法。安全防护栏杆的条纹警戒标识用什么颜色？

4.指出装修阶段施工用电专项安全检查中的不妥之处，并写出正确做法。

参考答案

1.（1）安全检查的主要形式还有：定期安全检查，季节性安全检查，节假日安全检查，开工、复工安全检查，专业性安全检查。

（2）作业班组安全检查的时间有：班前、班中、班后。

2.（1）施工现场布置塔吊时，还应考虑的因素有：塔吊的基础设置、周边环境、覆盖范围、塔吊的附墙杆件位置、距离。

（2）塔式起重机的一般项目有：附着、基础与轨道、结构设施、电气安全。

3.（1）不妥之处1：坠落高度超过2m的安装使用梯子攀登作业。

正确做法：坠落高度超过2m的安装，应设置操作平台。

不妥之处2：施工层搭设的水平通道不设置防护栏杆。

正确做法：钢结构安装施工宜在施工层搭设水平通道，水平通道两侧应设置防护栏杆。

不妥之处3：作为水平通道的钢梁一侧两端头设置安全绳。

正确做法：当利用钢梁作为水平通道时，应在钢梁一侧设置连续的安全绳，安全绳宜采用钢丝绳。

（2）防护栏杆的标识颜色：黑黄或红白相间的条纹。

4.不妥之处1：项目仅按照项目临时用电施工组织设计进行施工用电管理。

正确做法：装饰装修工程或其他特殊施工阶段，应补充编制单项施工用电方案。

不妥之处2：现场瓷砖切割机与砂浆搅拌机共用一个开关箱。

正确做法：每台用电设备必须有各自专用的开关箱，严禁用同一个开关箱直接控制两台及两台以上用电设备（含插座）。

不妥之处3：主教学楼一开关箱使用插座插头与配电箱连接。

正确做法：配电箱、开关箱的电源进线端严禁采用插头和插座做活动连接。

【案例7】

某公司承建的某公共建筑项目，建筑面积100000m²，建筑高度45m，建筑结构形式为钢筋混凝土框架结构，屋面采用某新型材料索膜结构，跨度50m。

项目使用承插型盘扣式脚手架支撑体系，砌筑施工采用开口型扣件式钢管脚手架。因屋面施工作业人员不足，项目部组织20名木工转岗进行屋面索膜结构的安装施工。

2021年9月25日，公司对工程项目开展月度安全检查，现场检查发现以下情况：

（1）施工现场消火栓泵专用配电线路从现场二级配电箱直接引出。

（2）开口型脚手架两端连墙件的垂直间距为6m。

（3）生活区宿舍二层建筑面积为240m²，设置1处疏散楼梯。

（4）氧气瓶与乙炔瓶的工作间距为3m。

（5）电梯井防护门高度为1.2m。

查阅安全管理资料发现，安全教育资料仅包括施工人员三级安全教育培训和考核记录。临时用电施工组织设计内容仅含：现场勘测；确定电源进线、变电所或配电室、配电装置、用电设备位置及线路走向；负荷计算；变压器选择。

公司针对现场检查和安全管理资料查阅中发现的问题下达了隐患整改通知单，要求项目部及时整改并书面回复整改结果。

【问题】

1. 本工程索膜结构的专项施工方案是否需要进行专家论证？说明理由。
2. 根据施工现场检查发现的情况，指出施工现场存在的安全隐患，并提出对应的整改措施。
3. 根据《建筑施工安全检查标准》（JGJ 59—2011），补充完善本工程安全教育资料。
4. 根据《施工现场临时用电安全技术规范》（JGJ 46—2005），列出本工程施工现场临时用电施工组织设计还应包括的内容。

答题区

参考答案

1.需要。理由：索膜结构采用了新型材料，属于超过一定规模的危险性较大的分部分项工程，需要进行专家论证。

2.安全隐患1：施工现场消火栓泵专用配电线路从现场二级配电箱直接引出。

整改措施：施工现场的消火栓泵采用专用消防配电线路。专用消防配电线路自施工现场总配电箱的总断路器上端接入，且保持不间断供电。

安全隐患2：开口型脚手架两端连墙件的垂直间距6m。

整改措施：开口型脚手架两端连墙件的垂直间距不大于建筑物的层高，并且不应大于4m。

安全隐患3：生活区宿舍二层建筑面积为240m²，设置1处疏散楼梯。

整改措施：至少设置2处疏散楼梯。

安全隐患4：氧气瓶与乙炔瓶的工作间距3m。

整改措施：氧气瓶与乙炔气瓶的工作间距不小于5m。

安全隐患5：电梯井防护门高度1.2m。

整改措施：电梯井防护门高度不小于1.5m。

3.（1）工程项目部应建立安全教育培训制度。

（2）当施工人员变换工种或采用新技术、新工艺、新设备、新材料施工时，应进行安全教育培训。

（3）施工管理人员、专职安全员每年度应进行安全教育培训和考核。

4.（1）设计配电系统。

（2）设计防雷装置。

（3）确定防护措施。

（4）制定安全用电措施和电气防火措施。

【提示】宿舍、办公用房每层建筑面积大于200m²时，应设置至少2部疏散楼梯，房间疏散门至疏散楼梯的最大距离不应大于25m。

【案例8】

C公司承建某会展中心建设工程：地下3层，地上6层，东西长215m，南北长280m；屋顶为钢结构屋面，最高点为37.30m。

该工程需安装多台塔式起重机进行钢结构吊装作业，塔式起重机型号及安装计划如表8-2所示。

表8-2 塔式起重机型号及安装计划

塔机编号	型号	最大起重量（t）	计划安装日期
1#	STT373	18	2021.4.1
2#	STT2200	80	2021.4.5
3#	QTP350	20	2021.4.10
4#	QTP310	18	2021.4.15
5#	D1100-63	42	2021.4.23
6#	STT253B	10	2021.5.20
7#	D800-45	35	2021.5.25
8#	STT1500	50	2021.6.2

工程开工前，C公司与塔式起重机租赁单位D公司签订了8台塔式起重机的租赁合同及安全管理协议；C公司与具有起重设备安装工程专业承包一级资质的E公司签订了塔式起重机安装合同及安全管理协议。

E公司提供了作业人员配备清单，如表8-3所示。

表8-3 作业人员配备清单

岗位/工种	人数	主要职责
安装组组长	1	全面负责塔式起重机安装、保障安装质量
起重机械安装工	5	负责塔式起重机安装作业
塔式起重机司机	1	操作塔式起重机
电焊工	1	负责金属维修焊接
建筑电工	1	连接、调试电气线路
信号司索工	2	负责安装过程中的指挥和司索
平板拖车司机	5	运输塔式起重机部件
班车司机	1	运输安装作业人员

D公司编制了塔式起重机安装专项施工方案，经C公司安全负责人审核和总监理工程师审查合格。

针对工程中存在多台塔式起重机交叉作业的情况，E公司编制了塔式起重机防碰撞专项施工方案。

2021年4月1日，1#塔式起重机安装作业前，C公司项目技术负责人对现场管理人员进行了方案交底，项目部现场管理人员对现场作业人员进行了安全技术交底。

安装作业中，C公司项目部专职安全生产管理人员进行了现场安全监督，监理工程师进行了现场巡视。

安装完毕后，E公司现场安装组组长组织作业人员对1#塔式起重机进行了自检，结论为合格。

C公司项目部按照塔式起重机的验收程序，委托第三方检验机构进行检验，并组织了资料审核和联合验收，验收合格后即投入使用。

【问题】

1.根据《住房和城乡建设部办公厅关于实施〈危险性较大的分部分项工程安全管理规定〉有关问题的通知》（建办质〔2018〕31号），列出本工程需要组织塔式起重机安装专项施工方案专家论证的塔机编号，并说明理由。

2.根据《特种作业人员安全技术培训考核管理规定》（国家安全生产监督管理总局令第30号）和《建筑施工特种作业人员管理规定》（建办质〔2008〕75号），指出表中应持有特种作业资格证书的工种。

3.指出本工程塔式起重机安装和防碰撞专项施工方案编制、审批过程及E公司塔式起重机安装后自检工作中存在的错误，并说明正确做法。

4.说明C公司项目部塔式起重机验收程序中资料审核及联合验收的具体要求。

参考答案

1.2#、5#、7#、8#。

理由：起重量300kN及以上的起重机械安装和拆卸工程，属于超规模危大工程，需要组织专家论证。重量为1t的物体重量为10kN，因此起重量30t及以上的需要专家论证。

2.起重机械安装工、塔式起重机司机、电焊工、建筑电工、信号司索工。

3.错误1：D公司编制了塔式起重机安装专项施工方案。

正确做法：由E公司编制塔式起重机安装专项施工方案。

错误2：专项施工方案经C公司安全负责人审核和总监理工程师审查合格。

正确做法：专项施工方案应当由E公司、C公司的技术负责人审核签字、加盖单位公章，并由总监理工程师审查签字、加盖执业印章后实施。

错误3：E公司编制了塔式起重机防碰撞专项施工方案。

正确做法：由C公司编制塔式起重机防碰撞专项施工方案。

错误4：安装完毕后，E公司现场安装组组长组织作业人员对1#塔式起重机进行了自检。

正确做法：安装完毕后，E公司组织单位的技术人员、安全人员、安装组长对塔式起重机进行自检，并应按规定填写自检报告书。

4.（1）资料审核：施工单位应审核相关资料原件，在审核通过后，留存加盖单位公章的复印件，并报送给监理单位审核。监理单位审核完成后，施工单位组织设备验收。

（2）联合验收：施工单位组织设备供应单位、安装单位、使用单位、监理单位对塔式起重机进行联合验收，并应按规定填写验收表。实行施工总承包的，由施工总承包单位组织联合验收。

【案例9】

某酒店工程，建筑面积2.5万m^2，地下1层，地上12层。其中，标准层10层，每层标准客房18间，35m^2/间；裙房设宴会厅1200m^2，层高9m。施工单位中标后开始组织施工。

施工单位企业安全管理部门对项目贯彻企业安全生产管理制度情况进行了检查，检查内容有：安全生产教育培训、安全生产技术管理、分包（供）方安全生产管理、安全生产检查和改进等。

宴会厅施工"满堂脚手架"搭设完成自检后，监理工程师按照《建筑施工安全检查标准》（JGJ 59—2011）的要求对保证项目和一般项目进行了检查，检查结果如表8-4所示。

表8-4 满堂脚手架检查结果（部分）

检查内容	施工方案		架体稳定	杆件锁件	脚手板				构配件材质	荷载		合计
满分值	10	10	10	10	10	10	10	10	10	10	10	100
得分值	10	10	10	9	8	9	8	9	10	9	92	

宴会厅顶板混凝土浇筑前，施工技术人员向作业班组进行了安全专项方案交底，针对混凝土浇筑过程中可能出现的包括浇筑方案不当使支架受力不均衡，产生集中荷载、偏心荷载等多种安全隐患形式，提出了预防措施。

标准客房样板间装修完成后，施工总承包单位和专业分包单位进行初验，其装饰材料的燃烧性能检查结果如表8-5所示。

表8-5 样板间装饰材料燃烧性能检查表

部位	顶棚	墙面	地面	隔断	窗帘	固定家具	其他装饰材料
燃烧性能等级	A+B_1	B_1	A+B_1	B_2	B_2	B_2	B_3

注：A+B_1指A级和B_1级材料均有。

竣工交付前，项目部按照"每层抽一间，每间取一点，共抽取10个点，占总数5.6%"的抽样方案，对标准客房室内环境污染物浓度进行了检测。检测部分结果如表8-6所示。

表8-6 标准客房室内环境污染物浓度检测表（部分）

污染物	民用建筑	
	平均值	最大值
TVOC（mg/m^3）	0.46	0.52
苯（mg/m^3）	0.07	0.08

【问题】

1. 施工企业安全生产管理制度的内容还有哪些？

2. 写出满堂脚手架检查内容中的空缺项，分别写出属于保证项目和一般项目的检查内容。

3. 混凝土浇筑过程的安全隐患主要表现形式还有哪些？

4. 改正表中燃烧性能不符合要求部位的错误做法。装饰材料燃烧性能分几个等级？并分别写出代表含义（如A：不燃）。

5.写出建筑工程室内环境污染物浓度检测抽检量的要求,标准客房的抽样数量是否符合要求?

6.表中的污染物浓度是否符合要求?应检测的污染物还有哪些?

答题区

参考答案

1. 施工企业安全生产管理制度还包括：安全费用管理，施工设施、设备及劳动防护用品的安全管理，施工现场安全管理，应急救援管理，生产安全事故管理，安全考核和奖惩等制度。

2. （1）架体基础、交底与验收、架体防护、通道。

（2）保证项目应包括施工方案、架体基础、架体稳定、杆件锁件、脚手板、交底与验收。

一般项目应包括架体防护、构配件材质、荷载、通道。

3. （1）高处作业安全防护设施不到位。

（2）机械设备的安装、使用不符合安全要求。

（3）用电不符合安全要求。

（4）过早地拆除支撑和模板。

4. （1）改正1：顶棚，不低于A级。

改正2：隔断，不低于B_1级。

改正3：其他装饰材料，不低于B_2级。

（2）①四个等级。

②A：不燃；B_1：难燃；B_2：可燃；B_3：易燃。

5. （1）检测抽检量要求：

①抽检量不得少于房间总数的5%，每个建筑单体不得少于3间，当房间总数少于3间时，应全数检测。

②民用建筑工程验收时，凡进行了样板间室内环境污染物浓度检测且检测结果合格的，其同一装饰装修设计样板间类型的房间抽检量可减半，并不得少于3间。

③幼儿园、学校教室、学生宿舍、老年人照料房屋设施室内装饰装修验收时，抽检量不得少于房间总数的50%，且不得少于20间。当房间总数不大于20间时，应全数检测。

（2）符合要求。

6. （1）不符合要求。

（2）氡、甲醛、氨、甲苯、二甲苯。

【提示】样板间装饰材料实际燃烧性能与规定燃烧性能对比见表8-7。

表8-7 样板间装饰材料实际燃烧性能与规定燃烧性能对比

部位	顶棚	墙面	地面	隔断	窗帘	固定家具	其他装饰材料
燃烧性能等级	A+B_1	B_1	A+B_1	B_2	B_2	B_2	B_3
最低等级	A	B_1	B_1	B_1	B_2	B_2	B_2

第三部分 触类旁通

一、易混易错

（一）建筑材料技术指标

	材料	技术指标	备注
1	水泥 （实体墙）	凝结时间	初凝≥45min，硅酸盐终凝≤6.5h，其他五类≤10h
		安定性	如果水泥硬化后产生不均匀的体积变化，即所谓体积安定性不良，就会使混凝土构件产生膨胀性裂缝，降低建筑工程质量，甚至引起严重事故
		强度	胶砂法测定第3d和第28d抗压和抗折强度
2	砂浆 （刘宝强）	流动性	指标表示：稠度越大，流动性越大
		保水性	指标表示：分层度≤30mm
		强度	边长70.7mm立方体试块，温度20±2℃，相对湿度90%以上，龄期28d
3	混凝土 （喝酒强）	和易性	①指标包括流动性、黏聚性、保水性（刘宝年）。 ②流动性指标：坍落度越大，流动性越大；维勃稠度越大，流动性越小
		强度	①标养：边长150mm立方体试块，温度20±2℃，相对湿度95%以上，龄期28d。 ②同条件养护：拆模、结构实体检验、冬期施工用
		耐久性	抗渗、抗冻、碳化、碱骨料反应、抗侵蚀性（深冬谈股市）
4	钢材	力学性能	①力学性能包括：拉伸性能、冲击性能、疲劳性能。 ②反映拉伸性能指标包括：屈服强度、抗拉强度、伸长率。 屈服强度：是结构设计中钢材强度的取值依据。 强屈比：是评价钢材使用可靠性的一个参数（越大越安全可靠）。 伸长率：表示钢材的塑性指标（越大塑性越大）
		工艺性能	焊接性能、弯曲性能
		复试	屈服强度、抗拉强度、伸长率和冷弯
5	石材	花岗石	酸性、耐酸、质地坚硬、耐磨、吸水率极低、不耐火（室内外装饰及地面）
		大理石	碱性、耐酸腐蚀能力较差、质地较软、耐磨性相对较差、吸水率低（室内非地面）
6	木材	变形情况	顺纹方向最小，径向较大，弦向最大
		变形现象	①干缩：会使木材翘曲、开裂、接榫松动、拼缝不严。 ②湿胀：可造成表面鼓凸
7	玻璃	平板玻璃	良好的透视、透光性能；热稳定性较差，急冷急热易炸裂
		安全玻璃	①防火：隔热型防火玻璃（A类）、非隔热型防火玻璃（C类）。 ②钢化：机械强度高、弹性好、热稳定性好、碎后不易伤人、可发生自爆。均质钢化玻璃大大降低了自爆率。 ③夹层：透明度好、抗冲击性高、碎后不散落伤人，具有耐久、耐热、耐湿、耐寒等性能
		节能玻璃	①着色玻璃：吸收阳光中的热射线，保持良好透明度。 ②镀膜玻璃：包括阳光控制镀膜玻璃、低辐射镀膜玻璃（又称Low-E玻璃）。 ③中空玻璃：光学性能良好、保温隔热、降低能耗、防结露、良好的隔声性能

续表

	材料	技术指标	备注	
8	防水	分类	刚性防水：防水砂浆、防水混凝土等	
			柔性防水：防水卷材、防水涂料、密封材料、堵漏灌浆材料等	
		密封材料	①定型：止水带、止水条、密封条。 ②非定型：密封膏、密封胶、密封剂	
		防水卷材	①防水性：常用不透水性、抗渗透性等指标表示。 ②机械力学性能：常用拉力、拉伸强度、断裂伸长率等指标表示。 ③温度稳定性：常用耐热度、耐热性、脆性温度等指标表示。 ④大气稳定性：常用耐老化性、老化后性能保持率等指标表示。 ⑤柔韧性：常用柔度、低温弯折性、柔性等指标表示	
9	防火	防火涂料	①膨胀型钢结构防火涂料的涂层厚度应≥1.5mm。 ②非膨胀型钢结构防火涂料的涂层厚度应≥15mm	
		防火堵料	有机型（可塑型）	具有长期不硬化、可塑性好、遇火时发泡膨胀、可重复使用，以及优异的防火、水密、气密性等特点
				适用于封堵各种不规则形状的孔洞
			无机型（速固型）	具有固化快速、有可拆性、耐火极限与力学强度较高、能承受一定重量，以及较好的防火、水密、气密性能
				适用于封堵后基本不变的场合
			防火包（耐火/阻火）	通过垒砌、填塞等方法封堵
				适合较大孔洞的防火封堵

（二）试块尺寸

	材料	试块尺寸及要求
1	砂浆	边长70.7mm立方体，标准养护28d（20±2℃，相对湿度90%以上）
2	混凝土	①标准抗压强度：边长150mm立方体，标养28d（20±2℃，相对湿度95%以上）。 ②轴心抗压强度：150mm×150mm×300mm棱柱体
3	装配式套筒灌浆料	40mm×40mm×160mm，每工作班应制作1组且每层≥3组
4	装配式构件坐浆料	边长70.7mm立方体试件，每工作班应制作1组且每层≥3组

（三）超灌（泛浆）高度数据

类型		要求
支护桩	灌注桩排桩	500mm
	地下连续墙	300～500mm
	土钉墙	①第1次注浆≥钻孔体积的1.2倍的水泥砂浆。 ②第2次注浆≥第1次注浆量30%～40%的纯水泥浆
工程桩	泥浆护壁钻孔灌注桩	1m以上

（四）试块/桩数取样标准

项目	取样标准
结构混凝土试块	试件应在混凝土的浇筑地点随机抽取。同一配合比的混凝土： ①每100m³的混凝土，取样≥1组（3块）。 ②当一次连续浇筑＞1000m³时，每200m³取样≥1组（3块）。 ③每一楼层的混凝土，取样≥1组（3块）。 ④防水混凝土连续浇每500m³应留置1组（6块）抗渗试件，且每项工程≥2组
地基承载力检验数量	每300m²≥1点，超过3000m²部分每500m²≥1点，每单位工程≥3点
工程桩承载力	①设计为甲级或地质条件复杂时，检验桩数≥总桩数1%且≥3根；当总桩数＜50根时，≥2根。 ②设计为乙级、丙级时，检验桩数≥总桩数5%且≥10根
工程桩完整性	检测桩数≥总桩数20%且≥10根，每根柱子承台下的桩抽检数量≥1根
土钉（锚杆）抗拔承载力检验	检验数量≥土钉（锚杆）总数的1%，且同一土层中的土钉（锚杆）检验数量≥3根

（五）防水工程含泥量与泥块含量

指标	含泥量	泥块含量
防水混凝土（砂子）	≤3%	≤1%
防水砂浆（砂子）	≤1%	不得含有

（六）混凝土强度百分比

情形	数据		
桩基础	①预制桩混凝土强度达到70%后方可起吊，达到100%后方可运输和打桩。 ②采用应变法和声波透射法检测，受检桩混凝土强度≥设计强度70%且≥15MPa		
预应力张拉	≥设计混凝土强度值的75%时方可张拉		
冬期施工受冻临界强度		情况类别	≥设计强度
	采用蓄热法、暖棚法、加热法施工时	硅酸盐水泥、普通水泥配制的混凝土	30%
		矿渣水泥、粉煤灰水泥、火山灰水泥、复合水泥配制的混凝土	40%
	≥C50的混凝土		30%
	有抗渗要求的混凝土		50%

（七）凝结时间

时间	情形
初凝前	①防止施工缝，前层混凝土初凝前将次层混凝土浇筑完毕。 ②屋面保温层上的找平层应在水泥初凝前压实抹平。 ③沉管灌注桩复打施工应在第一次浇筑的混凝土初凝前完成
初凝后	土钉墙注浆：采用两次注浆工艺，第一次注浆初凝后，方可进行二次注浆
终凝前	混凝土和砂浆应在终凝前及时进行养护
终凝后	防水砂浆终凝后应及时进行养护

（八）混凝土温度控制

指标	大体积混凝土	冬期施工防水工程	高温施工
入模温度	5～30℃	≥5℃	普通混凝土≤35℃
最大温升值	≤50℃	—	—
里表温差	≤25℃	—	—
表外温差	≤20℃	—	—
降温速率	≤2℃/d	—	—

（九）养护时间

时间	情形
7d	①采用硅酸盐水泥、普通水泥、矿渣水泥拌制的混凝土。 ②屋面现浇泡沫混凝土保温层施工。 ③大体积混凝土跳仓法的施工间。 ④屋面防水保温层上的水泥砂浆找平层
14d	①一般后浇带。 ②采用缓凝型外加剂、矿物掺合料配制的混凝土。 ③防水混凝土、防水砂浆。 ④有抗渗要求的2类混凝土；强度等级≥C60的混凝土。 ⑤大体积混凝土
28d	防水混凝土后浇带≥28d 龄期：砌块、混凝土试块、砂浆试块

（十）砌块浇水

类别	是否需要提前浇水
一般砌筑：烧结普通砖、烧结多孔砖、蒸压灰砂砖、蒸压粉煤灰砖砌体	提前1～2d适度湿润
填充墙：烧结空心砖、轻骨料混凝土小型空心砌块、蒸压加气混凝土砌块	提前1～2d浇水湿润
填充墙：蒸压加气混凝土砌块采用专用砂浆或普通砂浆砌筑时	砌筑当天浇水湿润
混凝土多孔砖、混凝土实心砖	干燥炎热时，砌筑前浇水湿润

（十一）程序

情形	程序
动火审批程序	①一级动火作业：由项目负责人组织编制防火安全技术方案，填写动火申请表，报企业安全管理部门审查批准后，方可动火，如钢结构的安装焊接。 ②二级动火作业：由项目责任工程师组织拟定防火安全技术措施，填写动火申请表，报项目安全管理部门和项目负责人审查批准后，方可动火。 ③三级动火作业：由所在班组填写动火申请表，经项目责任工程师和项目安全管理部门审查批准后，方可动火
临时用电组织设计	①临时用电组织设计及变更必须由电气工程技术人员编制，相关部门审核，并经具有法人资格企业的技术负责人批准，现场监理签认后实施。 ②临时用电工程必须经编制、审核、批准部门和使用单位共同验收，合格后方可投入使用

续表

情形	程序
定期安全检查	应由项目经理组织
施工检测试验管理	施工检测试验计划应在工程施工前由施工项目技术负责人组织有关人员编制，并应报送监理单位进行审查和监督实施
单位工程进度计划	单位工程开工前，由项目经理组织，在项目技术负责人领导下进行编制
项目质量计划编制	由项目经理组织编写，须报企业相关管理部门批准并得到发包方和监理方认可后实施
质量验收程序	①检验批：监理工程师组织，项目专业质量检查员、专业工长参加。 ②分项工程：监理工程师组织，项目专业技术负责人参加。 ③分部工程：总监理工程师组织，勘察、设计单位项目负责人、施工单位技术质量负责人及项目经理必须参加。 ④单位工程： a.预验收：总监理工程师应组织各专业监理工程师进行竣工预验收，施工单位项目负责人、项目技术负责人参加。 b.正式验收：由建设单位项目负责人组织，五方单位项目负责人参加。 ⑤结构实体检验：监理单位组织施工单位实施，并见证实施过程。施工单位应制定结构实体检验专项方案，并经监理单位审核批准后实施。 ⑥基坑验槽：总监理工程师（或建设单位项目负责人）组织验槽，五方单位共同参加验槽，如有异常部位，要会同勘察、设计等有关单位进行处理。 ⑦装饰装修工程质量验收： 确立图纸"三交底"的施工准备工作： a.施工主管向施工工长做详细的图纸工艺要求、质量要求交底。 b.工序开始前工长向班组长做详尽的图纸、施工方法、质量标准交底。 c.作业开始前班长向班组成员做具体的操作方法、工具使用、质量要求的详细交底
危大工程	专项方案： ①施工单位应当在施工前组织编制，实行施工总承包的，由施工总承包单位组织编制，实行分包的，可由专业承包单位组织编制。 ②施工单位（施工总承包单位和专业承包单位）的技术负责人审核签字、加盖单位公章，并由总监理工程师审查签字、加盖执业印章 专家论证： ①专项方案审查完毕后，施工单位（施工总承包单位）组织召开。 ②参会人员： a.建设项目负责人；勘察和设计单位项目技术负责人及相关人员；监理单位项目总监理工程师及专业监理工程师；总承包单位和分包单位技术负责人或授权委派的专业技术人员、项目负责人、项目技术负责人、专项施工方案编制人员、项目专职安全生产管理人员及相关人员。 b.≥5名专家组成员，专家组提交论证报告并签字。 c.与本工程有利害关系的人员不得以专家身份参加专家论证会。 ③验收人员。 a.总承包单位和分包单位技术负责人或授权委派的专业技术人员、项目负责人、项目技术负责人、专项施工方案编制人员、项目专职安全生产管理人员及相关人员。 b.监理单位项目总监理工程师及专业监理工程师。 c.有关勘察、设计、监测单位项目技术负责人
施工组织设计	①项目负责人主持编制。 ②施工组织总设计应由总承包单位技术负责人审批。 ③单位工程施工组织设计应由施工单位技术负责人审批。 ④施工方案应由项目技术负责人审批。 ⑤重点、难点分部（分项）工程和专项工程施工方案应由施工单位技术负责人批准。 ⑥专业承包单位施工的分部（分项）工程或专项工程的施工方案，由专业承包单位技术负责人审批

二、公式计算

（一）抗震要求钢筋指标

国家标准规定有较高要求的抗震结构适用的钢筋（如，HRB400E）应满足的要求：

（1）强屈比=抗拉强度实测值÷屈服强度实测值≥1.25。

（2）超屈比=屈服强度实测值÷屈服强度标准值≤1.30。

（3）最大力总延伸率实测值≥9%。

（二）砂浆及混凝土试块强度代表值的确定

测定试块一组3块的抗压强度值来评定。抗压强度试验结果（代表值）的确定原则如下：

（1）应以3个试件测值的算术平均值作为该组试件的砂浆立方体试件抗压强度平均值。

（2）当3个测值的最大值或最小值中如有一个超过中间值15%时，则把最大值及最小值一并舍去，取中间值作为该组试件的抗压强度值。

（3）当2个测值均超过中间值15%时，则该组试件的试验结果为无效。

（三）临时用水量及用水管径的计算

1.总用水量（Q）的计算。

（1）当（$q_1+q_2+q_3+q_4$）≤q_5时，则$Q=q_5+(q_1+q_2+q_3+q_4)/2$。

（2）当（$q_1+q_2+q_3+q_4$）>q_5时，则$Q=q_1+q_2+q_3+q_4$。

（3）当工地面积<5万m²，且（$q_1+q_2+q_3+q_4$）<q_5时，则$Q=q_5$。

消防用水量（q_5）最小10L/s，最后计算出总用水量的还应增加10%的漏水损失。

2.临时用水管径的计算。

$$d=\sqrt{\frac{4Q}{\pi \times v \times 1000}}$$

式中：d——配水管直径，m；

Q——耗水量，L/s；

v——管网中水流速度（1.5~2m/s）。

（四）绿色建筑评价

1.绿色建筑评价总得分的计算。

分值	控制项基础分值Q_0	评价指标评分项满分值					提高与创新加分项满分值Q_A
		安全耐久Q_1	健康舒适Q_2	生活便利Q_3	资源节约Q_4	环境宜居Q_5	
预评价分值	400	100	100	70	200	100	100
评价分值	400	100	100	100	200	100	100
总得分Q	$Q=(Q_0+Q_1+Q_2+Q_3+Q_4+Q_5+Q_A)/10$。 Q_A：提高与创新加分项得分（当得分>100分时，应取100分）						

2.评价等级划分。

等级	条件	
基本级	满足全部控制项要求	
一星级	①满足全部控制项要求。②每类指标评分项得分≥该项满分值的30%	③总得分达到60分
二星级		③总得分达到70分
三星级		③总得分达到85分

（五）流水施工工期的计算

组织形式		工期公式	解决参数	备注
等节奏流水施工		$T=(M+n-1)\times K+G$	$K=t$	—
无节奏流水施工		$T=\sum K+\sum tn+\sum G$	$\sum K=$大差法	—
异节奏流水施工	等步距	$T=(M+N-1)\times K+G$	$\sum N=t/k$（$k=$各节拍最大公约数）	队伍数＞过程数
	异步距	$T=\sum K+\sum tn+\sum G$	$\sum K=$大差法	—

（六）时间参数的计算

网络图	掌握内容	解决方式
双代号网络图	关键线路	各线路中持续时间之和最长的线路
	工期计算	关键线路持续时间相加
	总时差	①总时差=min（所在线路与关键线路持续总时间之差）。②最迟开始（完成）–最早开始（完成）
	自由时差	自由时差=紧后工作最早开始时间的最小值–本工作最早完成时间
双代号时标网络图	关键线路	不经过波形线的线路
	工期计算	最后节点编号对应的时间刻度
	自由时差	自由时差=该工作波形线长度
	总时差	总时差=min（自身波长+后面各条线路所有工作波长）
	前锋线检查	①工作实际进展位置点落在检查日期的左侧，表示进度拖后。②工作实际进展位置点落在检查日期的右侧，表示进度超前。③工作实际进展位置点与检查日期重合，表示按计划进行
工期优化		第1步：找关键线路，确定关键工作。第2步：对压缩费用最低的关键工作进行压缩。第3步：当出现多条关键线路时，对压缩费用最低的关键工作组合同时压缩

（七）安全检查评分方法

（1）分项检查评分表和检查评分汇总表的满分均应为100分。

（2）分项检查评分表评分时，保证项目中有一项未得分或保证项目小计≤40分，此评分表不应得分。

（3）检查评分汇总表中各分项项目实得分值应按下式计算：

$$A_1 = B \times C/100$$

式中：A_1——汇总表各分项项目实得分值；

　　　B——汇总表中该项应得满分值；

　　　C——该项检查评分表实得分值。

（4）当遇缺项时，分项检查评分表或检查评分汇总表的总得分值应按下式计算：

$$A_2 = D \times 100/E$$

式中：A_2——遇缺项时总得分值；

　　　D——实查项目在该表的实得分值之和；

　　　E——实查项目在该表的应得满分值之和。

（5）等级的划分原则施工安全检查的评定结论分为优良、合格、不合格三个等级。

等级	分项检查评分表	关系	汇总表
优良	无零分	且	≥80分
合格	无零分	且	70分≤汇总表<80分
不合格	有零分	或	<70分
	必须限期整改达到合格		

（八）中标造价的计算

工程造价=（分部分项工程费+措施费+其他项目费）×（1+规费费率）×（1+税率）。

（1）分部分项工程费=∑（分部分项工程量×综合单价）。

综合单价=人工费+材料费+施工机具使用费+企业管理费+利润+一定范围的风险费用。

（2）措施项目费。

措施项目费包括安全文明施工费（安全施工费、文明施工费、临时设施费、环境保护费）；夜间施工、二次搬运费；冬雨期施工、已完工程及设备保护费；施工排水、施工降水，地上、地下设施，建筑物的临时保护设施，大型机械设备进出场及安拆费；脚手架工程费；混凝土模板及支架（撑）费；垂直运输费；超高施工增加费等。

①可计量措施项目费=∑（措施项目工程量×综合单价）。

②不可计量措施项目费=计算基数×相应的费率（%）。

（九）预付款、起扣点与进度款的计算

1.预付款计算。

（1）百分比法。

工程预付款=（中标合同价-暂列金额）×预付款比例。

（2）数学计算法。

工程备料款=（合同造价-暂列金额）×材料比重（%）×材料储备天数÷年度施工天数。

式中，年度施工天数按365天日历天计算；材料储备天数由当地材料供应的在途天数、加工天数、整理天数、供应间隔天数、保险天数等因素决定。

2.预付备料款的回扣。

起扣点=（合同总价-暂列金额）-预付备料款÷主要材料所占比重。

3.工程进度款的计算。

工程月度进度款=当月有效工作量×合同单价×月度支付比例-保修金-回扣预付款-罚款。

（十）施工成本的计算

1.施工项目成本核算。

①施工项目成本（制造成本法）=中标造价-期间费用-利润-税金。

②施工项目成本（完全成本法）=中标造价-利润-税金。

2.施工目标成本。

目标成本=工程造价×［1-目标利润率（%）］。

（十一）材料保管（ABC分类法）

（1）资金占用总额累计值：

①A类（0~75%）：占用资金比重大，重点管理。

②B类（75%~95%）：可按大类控制其库存。

③C类（95%~100%）：简化管理。

（2）ABC分类法分类步骤：①计算每一种材料的金额。②按照金额由大到小排序并列成表格。③计算每一种材料金额占库存总金额的比率。④计算累计比率。⑤分类。

（十二）施工机械设备选择

1.单位工程量成本比较法。

在多台机械可供选用时，可优先选择单位工程量成本费用较低的机械。计算公式：

$$C=(R+F\times X)/Q\times X$$

式中：C——单位工程量成本；

R——一定期间固定费用；

F——单位时间可变费用；

Q——单位作业时间产量；

X——实际机械使用时间。

2.施工机械需用量的计算。

施工机械需用量根据工程量、计划期内的台班数量、机械生产率和利用率计算。

$$N=P/(W\times Q\times K_1\times K_2)$$

式中：N——机械需用数量；

P——计划期内工作量；

W——计划期内台班数（即天数）；

Q——机械台班生产率（即台班工作量）；

K_1——现场工作条件影响系数；

K_2——机械生产时间利用系数。

（十三）施工劳动力配置

1.确定劳动力投入总工时。根据劳动力的劳动效率，就可得出劳动力投入的总工时，即：

$$劳动力投入总工时=\frac{工程量}{产量/单位时间}$$

2.确定劳动力投入量。

$$劳动力投入量=\frac{劳动力投入总工时}{班次/日\times 工时/班次\times 活动持续时间}$$